普通高等教育
艺术类"十二五"规划教材

U0280167

LANDSCAPE
GARDEN
DESIGN

/ 谢明洋　赵珂　编著

庭院景观设计

人 民 邮 电 出 版 社

北　京

图书在版编目（CIP）数据

庭院景观设计 / 谢明洋，赵珂编著. -- 北京 ：人
民邮电出版社，2013.12（2024.1重印）
　　普通高等教育艺术类"十二五"规划教材
　　ISBN 978-7-115-34257-7

　　Ⅰ．①庭… Ⅱ．①谢… ②赵… Ⅲ．①庭院—景观设
计—高等学校—教材 Ⅳ．①TU986.4

中国版本图书馆CIP数据核字(2014)第057450号

内 容 提 要

　　环境设计是一门以人的情感和生活行为需求为目的，综合空间布局、物质形态、精神审美和资源管理的艺术与技术，实现诗意的人居环境的一门艺术设计学科。庭院景观设计是环境设计专业的设计入门课程，从微观细节的尺度入手，系统地整合了上述因素，为更大尺度、更复杂条件限制与功能需求的空间设计打下基础。区别于常见的家居生活布置指南类的庭院设计丛书，本教材从专业设计的角度系统介绍了庭院的功能类型、历史发展与文化风格、庭院景观设计的构成要素，包括植物、山石水体、庭院构筑物、庭院家具与小品设施等；完整呈现了庭院设计案例的实践过程，包括理解设计任务书、现场测绘与调研、方案设计、选择与深化等。

　　本书可作为高等院校环境艺术设计、风景园林设计等专业的教材，也可供相关从业人员阅读参考。

◆ 编　　著　谢明洋　赵　珂
　　责任编辑　许金霞
　　责任印制　彭志环　杨林杰

◆ 人民邮电出版社出版发行　　北京市丰台区成寿寺路 11 号
　　邮编　100164　电子邮件　315@ptpress.com.cn
　　网址　http://www.ptpress.com.cn
　　北京九天鸿程印刷有限责任公司印刷

◆ 开本：787×1092　1/16
　　印张：9.25　　　　　　　　2013 年 12 月第 1 版
　　字数：204 千字　　　　　　2024 年 1 月北京第 20 次印刷

定价：49.00 元

读者服务热线：(010)81055256　印装质量热线：(010)81055316
反盗版热线：(010)81055315

编　委　会

主　编

阎学峰　潘　强

委　员

刘进安　韩振刚　王自彬　张　彪

江寿国　张亚丽　谢明洋　谢　杰

胡红霞　赵　珂　朱海燕

在艺术学升格为学科门类的背景下，设计学成为一级学科，环境设计作为设计学的专业方向，在国务院学位委员会、教育部先后印发《学位授予和人才培养学科目录（2011年）》、《普通高等学校本科专业目录（2012年）》中得以确立。环境设计是研究自然、人工、社会三类环境关系中以人的生存与安居为核心设计问题的应用学科，并以优化人类生存和居住环境为主要宗旨。

在今年的中国环境设计学年奖颁奖会与环境设计教育年会上，所作"环境设计教育的发展与教学定位"主题报告中，分析中国经济发展模式的转型期，环境设计专业方向发展所面临的重新定位问题，这就是要在相关学科的传统阵地中挤出自己的位置。城市规划、建筑、风景园林是与人居环境建设相关的传统学科，环境设计则是一门既古老又年轻的新兴学科。要说古老，在于其理念符合中国传统文化系统综合的哲学思想体系；要说年轻，在于其理念符合人居环境建设可持续设计的发展定位。虽然观念先进却并不意味着一定成功，现在的工作就是要找到夹缝中生存的技术路线图。

环境设计是一门观念宏观而技术微观的学科，现在的状态正好相反——观念微观而技术宏观，并逐渐成为一种发展趋势，这一点在各类高等学校的教学中有着不同程度的表现。

大处着眼，小处着手，在细微处见功夫。应该成为环境设计教育教学的总方针。大处着眼，是说每一项设计或课题的预设目标，都要放眼于所处环境的经济、政治、社会、文化背景，找准发展的定位，确立合适的概念目标；小处着手，是说每一项设计或课题的实操程序，都要着手与所处项目的材料、构造、尺度、肌理等要素，优选最佳的方案，确定可控的实施程序；在细微处见功夫，则是指无论宏观还是微观都要以环境体验的设计观念为准绳，按照人所在不同环境的行为情境来进行设计控制。

环境设计的专业研究对象是最大人造物——建筑内外空间的微观环境。面前这本教材的专业指向显然符合环境设计的定位，因为庭院恰是建筑中与天地相融的微观环境。对于庭院景观设计如果不能做到——在细微处见功夫，就不可能达到"诗意栖居"的终极目标。所以，本书概括而精准地表述了世界各国不同庭院在设计风格的文化层面所达到的境界，这种境界无不是以细致入微的设计所达成的环境体验。同时，本教材还包含了学习庭院景观设计在知识、技能、观念各方面的内容，完全符合高等学校环境设计专业教学的需要。

2013年10月

前言 / PREFACE

　　庭院是社会构成的基本单位——家庭或小型组织的栖居场所，是整个城市规划与设计系统中的微观环节，也是人们最为直接感受和最常接触的物质与精神环境，与我们每一个人的生活密切相关。回顾历史，人们对其生活环境的想象和建造充满了理想主义的追求，凝聚了最为精粹的艺术、文化、物质和人力资源，成为如今宝贵的历史文化遗产。这些历经岁月磨砺的庭院遗迹，如江南园林、颐和园、圆明园等仍然充满了神奇的魅力和安抚人心的能量，让身在都市生活中身心俱疲的现代人们得到了些许的安慰。可以看到，世界各种宗教中都会描绘一个理想的人的终极归宿，如伊甸园、天国、极乐净土、昆仑蓬莱等，或许正是对这样一幅美景的向往，可以多少消解一些文明进程中对人性带来的异化。

　　中东的空中花园、古罗马的柱廊园、法国的宫殿园林、英国的自然风致园、意大利的山地别墅、中国的文人园林、日本的寺庙庭园等留给我们很多古人生活态度的线索，我们可以推想到那些或精致、或简朴、或优雅、或张扬、或虔诚克制、或肆意享乐的人生态度。而我们当下的环境设计更多追求理性的推导和指标分析，却往往忽视了人的情感体验与诉求。在信息控制的时代，一切被虚拟的网络联系起来，人们反而不去关注真实的生活环境，更谈不上去细细体会环境带给我们的"场所精神。"这可能也是为何现代城市人能够面对拆除历史遗迹、一味仿古仿欧美或以各种实验建筑标新立异的做法漠然处之的主要原因吧。

　　庭院景观设计，应该是回归一种认真、严肃地面对生活的态度。希望每一位设计师在开始设计一个哪怕仅有几十平方米的小项目时，都能够用心体会使用者的心声，寻找关于生活的智慧，仔细观察场地的日照、土壤、地基、风向、降雨等状况，就像选择朋友一样谨慎地选择花、木、山、石，反复推敲亭、廊、花架等小建筑的体量、造型风格、大小、位置等，能够使他们和谐共处，并成为不断成长的系统的有机体。

　　本书第1章~第4章由谢明洋编写，第5章、第6章由赵柯编写，附录由关庆飞制作。感谢孙睿、张丹的帮助。案例和图纸均来自于编者教学及实践作品，其中英文图纸为赵柯在澳大利亚TAFE教授景观设计课程的学生作业。

编者

目 录 / C O N T E N T S

第4章　庭院构成元素 /43

第1章
庭院景观设计
概述

本章课程概述

　　了解视觉尺度的庭院景观设计的基本内容，初步理解现代庭院景观设计与东西方园林历史的联系，能够尝试从文化和审美的层面分析庭院设计的内涵，从而产生对庭院景观设计的兴趣。

本章教学目标

　　能够针对特定的庭院设计案例作出类型、功能和设计风格及其之间关系的具体分析。

本章教学重点

　　了解庭院的概念、基本类型和使用功能；理解不同地域和文化条件下庭院风格形成与发展的内在因素。

1.1 诗意栖居——庭院

1.1.1 庭院的基本概念

建筑物（包括亭、台、楼、榭）前后左右或被建筑物包围的场地通称为庭或庭院，即一个建筑的所有附属场地、植被等。从字面看，庭院包含了两个方面的要素：庭、院。是指具有一定庇护空间的，适合人们居住的户外活动场地。庭院的近义词——园林、花园、院落等，所表达的含义略有区分。

园林，是指在一定的地域运用工程技术和艺术手段，通过改造地形（或进一步筑山、叠石、理水）、种植树木花草、营造建筑和布置园路等途径创作而成的美的自然环境和游憩境域。园林的设计与建造重视山水植物等要素的位置和意义关系（如中国的风水术）。大尺度的园林（风景园林）主要是规划场地的使用功能包括了建筑群、风景区、牧场猎区等，小尺度的花园衔接了建筑的关系，以满足人们的生活需求。按照功能区分，园林又包括了植物园、动物园、森林公园、城市公园等，其所指的内容更加广泛。应当说，庭院是园林景观的一部分（如图1-1所示）。

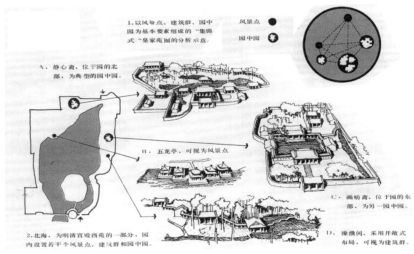

图1-1 园林：明清时期的北方皇家园林以风景点、园中园、建筑群为基本要素组成"集锦式"的园林，图为北海公园的分析示意（引自彭一刚《中国古典园林分析》）

花园，侧重表达建筑，尤其是私人住宅周边的，有着优美的植物景观的人工户外环境。英语中"garden"和"yard"都有花园、院落的含义：前者更偏向于空间的审美，强调园艺和建筑物的美与和谐，后者偏向于空间的功能，如聚会，储藏耕种等（如图1-2、图1-3所示）。

院落，是中国传统民居的空间类型概念，与yard所指相近，侧重建筑围合空间的概念，更为强调人的使用活动（如图1-4所示）。

庭院设计的历史几乎与建筑的历史一样悠久。早期的庭院为人们提供饲养家畜和种植蔬菜草药的场所，逐渐发展为贵族上流社会和文人知识阶层品味玩赏的场所，而后，在工业革命标志的现代社会到来时，转变为增进公众生活，改善城市生态与环境的系统化的科学与艺术。庭院，在不同时代承载着不尽相同的功能和精神的含义。以科学的眼光看待，庭院不过是数百平方米的或酸性或碱性的土地，乔木灌木地被植物若干，有些小桥流水，有些亭台石土，可以养狗，可以种菜；而以艺术的眼光看待，花园却是一些人的精神寄托甚至信仰之所。清代文人李渔在《闲情偶寄》中写道："宁短一岁之寿，勿减一岁之花"，说的就是他当时穷困潦倒，也要借钱把自己最喜爱的水仙种在院子里的情形。

尽管花园像其他所有事物一样，其含义随着时代的变迁而不断改变，但是有些特质确是相对恒久和稳定的，这有关于人类的理想和天性。例如，人们总是希望在院子里看到四季交替而树常绿，花常开；人们总是喜欢在花园耕种和果蔬草药，饲养宠物，人们总是需要有一处空间呼吸清新的空气，放松身心，娱乐锻炼，亲近自然。所以花园设计的含义应当包含两个部分的内容：一是花园庭院自身所包涵的功能和内容，如上所述，是比较稳定和持久的特质，另一部分则是在不同的时代背景和地域及人文条件下赋予花园的功能属性和文化内涵。例如，古巴比伦时代的空中花园和现代主义时期柯布西耶提倡的空中花园，就有着形式和内容含义的差别。这些特质往往是时尚的，形态特征突出的，易变化的，富有趣味性，是区分庭院设计艺术样式与风格的重要标志，更是人们创造的伟大艺术和文化。现代的园艺博览会则是世界各国和地区集中展示花园设计与建造理念的盛会，如图1-5所示。

图1-2　garden：更强调艺术、历史、园艺与文化。这个花园用欧洲18世纪的建筑遗迹的风格来表达一个21世纪家庭的审美趣味

图1-3　yard：更重视实际的使用功能，如烧烤、买卖及举办聚会，很多装饰是临时性的

图1-4　院落：中国传统民居建筑几乎都是院落格局的。分别为山西商宅，福建围屋，西北窑洞和北京四合院的空间结构。图片来自台湾李乾朗先生绘制的《穿墙透壁》

图1-5　2014年在中国辽宁举办的世界园艺博览会中，来自各个国家的特色花园方案

庭院景观是近十年新提出的概念。在中国传统中是"造园艺术"的一部分，是与古代文人的诗画词曲等艺术相似的一种审美和建造技巧。如《园冶》、《说园》、《扬州画舫录》、《长物

图1-6 《西厢记》绘本中所描绘的发生在庭院中的爱情故事

志》等展现了古人关于庭院的品位和生活情趣，如图1-6所示。西方也是在工业革命后，城市规划和公众生活的理念逐步发展形成后，庭院设计才逐渐从建筑的附庸中独立出来，形成较为系统和完整的知识体系。总的来说，理解庭院的概念包含三方面：一是人的居住停留之所，是功能性的空间；二是为特定的人使用，具有独特鲜明的个性；三是自然的一部分，是具有生命的不断变化的系统。

1.1.2 梦想之地——东西方庭院的传统

美国学者伊丽莎白·罗杰斯在《景观设计》（Landscape design: A cultural and architectural History）中写道："文化，作为政治、经济、技术环境以至于宇宙观和哲学思想的因与果，每一个时期，每一个国家都留下了她独特的遗产，还基本表明了它的政权类型、富有程度以及建筑技术水平，甚至政治特点和宗教信仰。所有这些都能通过业主的爱好和设计者的智慧以某种景观的形式表现出来。她明确地将景观史的研究定位为"艺术史学探究的一个分支，通过论证其哲学理念及美学思想来书写人类思想的历史。"在这样丰富、糅杂、多元的大历史观背景之下，以欧美为代表的西方景观设计师将城市视作一个巨型规模，长时期的景观项目来理解，而城市、公园和花园三者是不断相互影响和互为统一的。

早期的西方园林带有理想主义的追求，是人们希望在现实生活中寻求到理想归宿的体现。《圣经》中描述的伊甸园，《古兰经》中描述的天堂都是花园的样子，永远生机盎然的植物，有山丘有溪流，气候宜人，物资丰富。西方人甚至在古希腊的伯罗奔尼撒的半岛找到了"阿卡迪亚"，作为理想花园的范本在西方的文艺作品中流传着。伦敦的摄政公园就受其影响，设计成田园牧歌式的生活场景。图1-7所示为罗马哈德良山庄，它是由各式各样的柱廊组成。

图1-7 公元124年建于罗马的哈德良山庄是皇帝哈德良献给诸神的礼物，也是"阿卡迪亚"的写照，由各式各样的柱廊组成

在西方文化的鼎盛时期，花园的设计和建造反映了人们对宇宙的理解，表达了使物理环境更加秩序化的强烈愿望。例如，伟大的巴洛克庭院景观设计师安德烈·勒·诺特的作品综合体现了路易十四的皇权权威。当时法国经济的强盛，工程师沃班的土方工程新技术，以及笛卡儿的数学方法都有助于花园的设计和建造。

东方的花园起源很早，带有诗意的联想和浪漫情景。19世纪的英式园林具有一些东方庭院的特点，例如，强调以景物象征，比喻，拟人，引起联想。这种称之"移情"的设计手法是东方庭院设计的核心。

中国庭院设计的文化动机有两方面，一是

隐士文化，一是文人文化，两者相互影响，也相互交融。战国先秦时期的庭院设计遵循天人合一，神仙思想，受老庄态度影响颇多。中国人的理想之地是道家描述的神仙们所居住的"瑶池仙境"，有仙山方丈、蓬莱与瀛洲、有岛昆仑等，几乎所有的中国园林都按照"一池三山"或"三山五池"的模式营建。若院子的尺度较小，就用假山、枯山水、旱园水作等手法取而代之（影响了日本园林）。这种对世外桃源的向往与追求也与中国的"隐士"这一社会现象密切相关。"隐"文化的含义、风格与意境，与中国园林艺术的成熟是互为表里的。如陶渊明的园田居，在诗文中描绘了极富村野趣味的农耕田园风景。

如果说道家思想孕育了"隐士"文化，那么儒家思想则丰富了文人文化，也影响到文人园林的发展和繁荣。中国的"文"，代表着思、画、诗、字、文、曲、乐等的综合，诗需入画，景绘诗意，这些审美的种种之间水乳交融，互为衬映。

魏晋时期，文人士大夫阶层兴起的同时始现私家园林，出现了流觞曲水的庭院景观设计。唐代王维的辋川别业更是诗、图、园林景观相辅相成，庭院的设计根据诗文的描述将景观串联，与自然有着"永恒的交流"。在《山中与裴迪书》中，他这样向友人描述自己的园林："北涉玄灞，清月映郭。夜登华子冈，辋水沦涟，与月上下。寒山远火，明灭林外。深巷寒犬，吠声如豹……当待春中，草木蔓发，春山可望。轻鲦出水，白鸥矫翼。"这个通佛理、诗文、善画的山水大师，像写出他自然大气的诗歌一样，他的文人园林也一并的冷洁、超脱与秀逸，这大概是历代文人心中最高的自然。

从中唐到北宋，属于中国文化史上的重要转折时期。儒学转化成为新儒学—理学，佛教完成繁衍出汉化的禅宗，道教从民间的道教分化出向老庄、佛禅靠拢的士大夫道教。此时的私家庭院集中在中原及江南地区，风格更加简远、雅致、疏朗、天然。

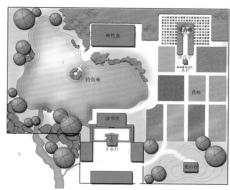

图1-8 宋司马光建于洛阳的"独乐园"体现出一种诗意文人独善其身的心境

明清时期的私人庭院设计达到历史上最为丰富的阶段，大量江南园林的营建构建了中国文人园林的基本风格。其中，山水画论、王阳明的"心学"等思想艺术反映在文人庭院设计中，体现出"格物以知致"、"天人合一"等理念，形成最为代表中国特色的庭院设计风格。

1.1.3 唯理与重情——现代庭院景观设计的传承与发展

在庭院设计方面，西方的传统到现代是一条延续的脉络。由于西方的土地私有制和继承制度，使得庭院设计，即花园设计和别墅住宅设计一样一直非常受重视。从18世纪霍华德提出的花园城市建设理念到21世纪20年代景观设计行业兴起时的美国设计师对花园设计的探索，从中

图1-9　2007年加拿大梅蒂斯国际花园展越南景观设计师安迪·曹的作品"女神花园"：用熟悉但容易忽视的材料如渔线、竹子、玻璃等，参照传统的越南建筑手法建造的花园小品

世纪英国开始举办世界园艺博览会，到今天，欧洲、美洲等地每年举办世界范围的各种花园设计竞赛，如"概念花园竞赛""传统花园设计竞赛"等，体现了西方景观设计领域对庭院设计持续的热情和探索，如图1-9所示。

相对于西方私家花园的普及性和延续的传统，中国的私家花园设计在明清达到高峰后进入了相对停滞的时期。由于政治动荡，国力衰弱，近现代的民国园林和殖民地风格园林乏善可陈。近二十年来，随着现代城市化进程的快速发展以及全球化的趋势，东西方的庭院设计相互渗透，相互影响同时也更加强调本土特色。国内的园林设计，尤其是私人庭院项目将引来一个全新的高速发展时期。

在传承和发展的浪潮中，庭院设计体现出唯理与重情两方面的特质。一方面，现代庭院设计更加不拘一格地追求情感的表达，"寄情于山水"，畅意抒怀，寻找和构建空间的情感与意义，以"诗意的栖居"；另一方面，由于技术手段的丰富和进步，生态与可持续发展、信息化空间、智能设计等对庭院设计提出更复杂的要求来适合现代生活。情感的认知来源于哲学、美学、文学、艺术、心理学等；而理性的操作与法律法规、社会活动、技术手段、经济模式、建造规范等密切相关。因此，以感性冲动的起点和最终诉求，以理性和秩序构建实现过程手段是现代空间设计，包括庭院景观设计在当代传承与发展的重要特征。

1.2　各得其所——庭院的分类

庭院景观设计的分类方式有几种，可以按工程项目的属性分，可以按庭院的功能特征，或者庭院的样式和风格特征等来分。此处重点介绍前两种分类，意在从其功能层面对庭院景观设计的内容进行理解。

1.2.1　不同使用对象和功能的庭院

1. 别墅庭院

别墅庭院即私家花园，是最为常见的庭院设计案例类型。这样的项目在功能布局上完全受业主，即使用者意图的指导；在形态设计上受到建筑的影响和控制，但是总的来说非常重视设计的艺术创意和审美体验，兼有娱乐性质的饲养、种植等功能。大部分的别墅庭院是静态的空间。根据场地条件的不同，设计的关注点也会有不同侧重，大致可分为三类。

普通别墅庭院（garden）：分前院和后院，前院的设计与建筑同时进行，显示整个住宅的品位与造型，与建筑风格相匹配，是业主对外界自我表达的窗口；后院的设计是纯私密性质的，更加注重使用功能，包括所有家庭成员的需求。

建筑围合的小庭院（court yard）：很多城市中的住宅占地面积比较小，只能靠建筑之间的空隙围合成小的空间，这样的小庭院日本非常多见，称为"坪庭"，坪庭主要考虑到与室内的对景、透景等，人不能进入。中国称为院落，如四合院等，如图1-10所示；西方的大城市也很常见，著名的美国易道公司的创始人埃克博（garrett eckbo）曾经重点研究这样的小花园来配合城市中的高密度住宅。建筑庭院的设计更注重建筑感，地形处理简单，常常作为室内设计的延伸，或者说将户外空间室内化处理（如图1-11所示）。

图1-10　日本传统园林中的像花道一样设计的坪庭，类似中国的盆景，讲究植物与山石水体的配合，尺度较小，可以起到视觉上扩大空间的作用

图1-11　艾克博的城市庭院设计

斜坡庭院（slope）：坐落在斜坡的住宅受地形的影响是设计的首要问题。环境问题中的排水、日照和风的影响都要精心考虑，否则会使人感到不适。例如，垂直于斜坡方向的风力会比平地要大约50%，向阳或背阴的坡能选择的植物也很不相同，如图1-12所示。

2. 居住/办公空间公共庭院

属于城市绿地系统的附属绿地部分，主要提供给单位或居住社区以相对集中的休闲娱乐场地，主要功能包括居民或职员的休息、游戏、聚会、锻炼、表演或展览等文化活动，以及产品推广等商业活动等。是相对固定使用群体的公共活动庭院空间。这种项目设计应当重视对人的行为的分析，重视空间的交通及功能，如图1-13、图1-14所示。

图1-12　依山而建的很多别墅项目是南北错层的，有些斜坡的庭院也和建筑的屋顶花园结合起来考虑

图1-13　在办公楼有地下停车，楼板无法覆土的极端情况下，设计师大胆地采用了艺术图案的设计衬托了建筑

图1-14　东京某住宅区的垂直花园巧妙地弥合了两个高层公寓的空间，并具有生活中工作、洗澡等实际功能

3. 会所，餐饮娱乐等商业庭院空间

一些商业场所也非常重视庭院空间的设计，给人们提供美妙的户外消费体验。近年来一些商业街区，办公楼的屋顶花园，商业会所及ＳＯＨＯ办公区等纷纷开辟了开放的庭院营业空间，

用以展示、举办活动或者经营餐饮、俱乐部等，成为城市景观中一道独特而绚丽的风景。这样的庭院设计项目往往具有强烈的主题性，追求趣味性，视觉冲击或者文化感染力，以达到吸引消费者的目的。这种商业环境的庭院设计介于公共项目和私人项目之间，功能相对单纯而形式丰富，如图1-15所示。

图1-15　简约的中式会所庭院，把传统元素变换尺度和功能，产生特别的效果

1.2.2　一些功能或要求较为特殊的庭院

1. 雨水园（雨水园可以与其他任何类型的花园结合）

雨水是一种宝贵的资源，城市雨水利用技术与环境景观设计的结合的应用正日益受到业内重视。随着环境保护理念的普及，庭院景观设计中雨水园的概念也在近年屡屡被提及，形成新的趋势潮流。雨水园也可以视作绿色设计的一个分支，即是在城市的雨季发挥蓄水、过滤和回收雨水功能的景观设计。雨水园的设计通常需要与市政的排水系统结合起来考虑，利用地形和建造材料达到良好的收集雨水、排水和改善生态微环境的作用。

由迈耶/瑞德景观建筑事务所设计的波特兰会议中心的"雨水园"，成功地处理了雨水排放和初步净化处理的问题（如图1-16所示）。它在造型上模仿了一条小溪蜿蜒流过一系列的浅滩、瀑布、玄武岩，从而分割开出一些水池。这些都减缓了下暴雨时流水的速度。在每一个水池都积满了水以后，水从水池里溢出来，跌落18英寸到下一个池子里。整条人造小溪318英尺长，平均宽度约6英尺。一系列下跌的水池减缓了雨水流下来的速度，这些水池不仅可以起到蓄水的作用，还可以使得雨水有充分的时间渗入地下。

图1-16　波特兰雨水花园是美国较早建造的成功案例

一般来说，"雨水园"用各种类型的石头作为主要的景观材料，采用柔性的工程构造加以铺设，这种工程手法使得雨水能够很容易地下渗，同时又不会带走泥沙；小溪底部的石板下面的砂石层具有很强的吸水性，在碰到不是特别大的降雨的时候雨水可以被完全的吸收；同时这些碎石和砂土还能过滤掉水中的杂物、树叶和灰尘等，也可以借此种植水生植物，增加城市景观的多样性。城市的路牙、绿化带、停车场等区域都非常适合做小型的雨水园的改造，如图1-17所示。

1 植被层
2 腐植土
3 土工布
4 透水层
5 贮水空间
6 渗透层

图1-17　常见的雨水园的效果和面层处理做法

2. 草药园/盆景园

传统的草药园，也有称为虫草药园，一般是城市植物园的主题园区，以种植中草药、香料、可食用或观赏类的蔬菜等一年生或多年生草本植物为主的庭院。草药园也被视为生产性景观的类型之一，如图1-18所示。

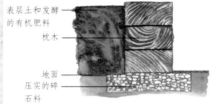

图1-18 草药园以草本藤本植物为主，需要搭设一些花架、人字架等供植物生长，需要较多的维护，是专类园

伦敦的切尔西草药园于17世纪创建，近年由英国的Hans Sloane博士购入并改造，园内有400多种可以入药的植物和树。

盆景园是东方庭院常见的设计模式，与东方造园理念中追求"诗情画意的自然"的理想有关。盆景是人工嫁接的姿态特殊的植物，往往有所隐喻和象征，以小见大，揭示人们对宇宙和自然规律的认识。由于盆景是较小的观赏对象，所以盆景园的设计往往结合建筑布局，空间流动通透，内外呼应。

3. 屋顶花园/垂直花园

屋顶花园的概念是伴随着城市化进程而逐渐产生的。在高密度的城市工作和生活区域，屋顶花园作为必要的生态和休闲缓冲地带成为城市设计和建筑设计等领域不可缺少的部分。

与土地上的花园相比，屋顶花园面对着一些明显的条件局限：建筑荷载的限制决定了屋顶花园的覆土和水体的设计都应当尽可能轻质，较高的楼层以及高层建筑群形成的微环境可能导致楼间风大、采光不良的问题，种植和砂石的应用都应当特别考虑。当然，屋顶花园的特殊条件所带来的挑战也可能会带来设计上的突破和机遇：例如，风的资源可以利用为清洁能源或者设计风铃、风帆等有趣体验的装置；高层带来的势能优势以及非常开阔的视野也会给景观的设计带来

图1-19 高层建筑屋面种植乔木较为困难，也已逐步得到推广

新的灵感。如东京六本木建造的高密度城中城ＡＲＫ ＨＩＬＬＳ项目中，屋顶花园成为了市民的"园艺俱乐部"，可以种植传统的樱花、蔬果，甚至水稻，如图1-19所示。

　　垂直花园最初是为了解决屋顶花园空间小、覆土有限制等问题而产生的，近年作为一个相对独立的概念屡屡被提及。例如，很多建筑群的中庭、共享空间，甚至建筑的外立面，可以和植物设计相结合，产生事半功倍的效果。垂直花园主要关注爬藤、草本类植物在倾斜或垂直界面的配植及维护问题。法国植物学家派翠克·布朗克经过在温带森林和热带雨林二十多年的考察发现，自然界中80%的植物可以很好地生长在岩石峭壁上，并不需要土壤。以此为依据，他设计了很多植生墙，发展了园艺与建筑结合的独特领域。

　　植生墙其实由三部分组成：一个铁框架；一个PVC层以及一个毡层。钢架固定在墙体或者单独站立，这提供了一个有效的隔热和隔音系统；1厘米厚的PVC片被固定在钢架上面，这一层为整个构筑增加坚固度并起到防水作用。最后一层用聚酰胺材料钉在PVC层上面，起到防腐蚀作用，同时，高度类似毛细血管功能为均匀分布水源浇灌起到重要的作用，如图1-20所示。

　　水和营养物质从顶部供应，完全自动化控制。垂直花园所选用的植物非常讲究，选择得当的话可以在不需要土壤和光的条件下茁壮生长，并且只需要一年3~4次的维护。但是，植生墙必须在比较温暖潮湿的环境下才能保证良好的效果，至于是否真的起到生态效能，业界仍存在很多的争议，如图1-21所示。

图1-20　法国南部阿维尼翁市中心一个传统街区的综合市场的北立面，由派翠克·布朗克设计并建造成约100英尺长，40英尺高的植生墙

　　除了植生墙的设计和应用，用传统的种植槽、攀爬架与藤本植物也是垂直花园设计的关注点。框架的设计，包括网格间隔的距离，如何与植物的生长规律相结合展现独特的效果，需要积累大量的实践经验，如图1-22所示。

图1-21　派翠克·布朗克在巴黎拉德方斯新区设计的"绿色烟囱塔"：该地点原本是一个地下停车场的出风口，约6英尺高。设计师用粗管装的培养皿编织成环状，把钢筋水泥的风口包裹起来，精心选择了3种植物搭配成茂密的效果，成为了地标性的小品

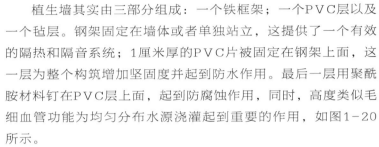

图1-22　彼得·沃克设计的德国慕尼黑凯宾斯基酒店庭院：以真正的绿色爬藤植物和假的红色天竺葵装置墙来围合空间，借助玻璃幕墙建筑的倒影，给环境增加更多亲切感

1.3 阳光下的生活——庭院的功能

1.3.1 使用功能

庭院设计所包含的最重要的功能就是人的居住和使用。具体说来，主要有三个方面的使用需求。一是生活必须的功能，如晾晒、灌溉、储物，如图1-23所示；第二是娱乐方面的需求，如温泉洗浴、锻炼、游戏、聚会、饲养等，如图1-24、图1-25所示；三是审美的需求，如观景、赏月等。事实上，在一个美妙的花园里劳动或发呆本身就是审美的体验。当然，这三个方面需求并不是非此即彼的关系，而是相互包含和交叉的。精彩的设计往往是同时巧妙而完美地解决了几个方面需求。例如，一个简单的石台，既可以当作座椅，同时也是植台和照明的设施等，如图1-26所示。

图1-23 倚靠建筑次要立面设计的储物架，也成为富有生活气息的花园景观

图1-24 小面积的庭院可以通过地热与水池结合，建造人工的"温泉"

图1-25 在花园里聚会是西方人不可缺少的生活方式

图1-26 座椅、挡土墙与水池边缘结合设计

另外，现代医学已经证明，良好设计的庭院可以通过视觉、嗅觉等感官的体验对病人起到非常有效的辅助治疗效果，如降低血压、稳定情绪等，提高药物的疗效。尤其是一些由芳香类植物构成的花园，能够明显地减轻人的压力，在都市环境中受到欢迎，如图1-27所示。

图1-27 以色列景观建筑设计公司Kav-Banof为位于特拉维夫的萨福拉儿童医院设计的感官花园，特色设施包括三维雕塑、视觉效果和声音效果都能发生变化的水池，以不同材料制作的手掌形状的座椅，有声响的贝壳，用石头制作的木琴，色彩鲜艳的螺旋风向标等

1.3.2 环境功能

花园的设计不可避免的是一种微环境的再营造。优秀的庭院设计不仅仅是精彩的创意和美观的效果，也是对于自然环境的巧妙改善。庭院的选址和建造和风水理论的一些规律是相互呼应的。例如，在华北地区，冬季季风的主导风向是西北风，夏季是东南风，所以庭院的地形处理往往是在住宅南侧挖土积水，在北侧堆土造山，并种植常绿乔木形成挡风带，正和中国传统风水理论中的"背山面水"的原则一致。这样的设计可以使得住宅冬暖夏凉，更为宜居，如图1-28所示。

庭院中针对微环境的设计也要遵循因地制宜、巧于因借的原则。例如，住宅的西侧，可以种植攀爬的植物以减少西晒的温室效应，廊和亭的设计可以根据风向调整方向，营造夏季"穿堂风"的凉爽效果。巧妙的地形起伏，适当的植物配置以及适当的构筑小品建筑可以起到调整风向、减轻噪声、避免夏季阳光直射、冬季避风保温等营造良好微气候环境的作用。

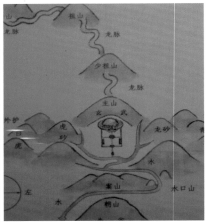

图1-28 中国山水画中的风水意蕴及堪舆示意

1.3.3 生产功能

庭院起源于人类的定居生活，以满足栽种瓜果蔬菜、圈养牲畜动物的需求。所以，生产性景观的理念在近年屡屡被提及。适合庭院种植的植物有很多可以食用、入药，如柿子、核桃、葡萄、樱桃、梨子、海棠、石榴、杨梅韭菜、丝瓜、连翘、金银木等。这些植物在种植时应当选择合适的容器和藤架等，使之与景观巧妙结合，兼具经济性和观赏性。通常这些经济类植物需要分类栽培，例如，按照药用、烹饪、香料、染色用途等来类分，如图1-29所示。

图1-29 法国早期的庭院以生产功能为主，庭院中的凉亭、座椅通常也是植物攀爬的藤架

第2章
理解场地

本章课程概述

在开始庭院设计之前，应当通过基地调研分了解设计场地的特质，包括场地物质环境（面积、形态、高程等），社会文化环境（使用者状况、功能需求、管理状况等）和视觉环境。前期的场地信息整理的翔实程度直接决定了设计的深入程度。一般来说，庭院设计的程序是：基地调查分析——设计任务书——方案设计——方案扩初设计——施工图设计。本章具体阐述前两个阶段的内容。

本章教学目标

掌握庭院设计的基础知识的技能，包括：简单的场地测绘方法，理解场地高程图的概念，学会绘制简单的高程竖向图。能够对项目现场的基础信息进行分类整理，能够编写项目任务书，分析并确定设计内容和重点。

本章教学重点

1. 场地测绘

（1）分组组织现场测量，最少4人一组，2人测读，两人绘图。

（2）将各个组的测量结果比对分析，确定设计依据的图纸。总结测绘过程中出现的问题，分析误差形成原因。

2. 整理设计任务书

包括（1）场地测绘平面图纸（CAD基础图纸）

（2）场地的基础模型：建筑模型及日照分析等

（3）客户描述及意愿清单表

（4）场地评估综合报

2.1 对场地的直观感受

2.1.1 简单的测绘知识与技巧

1. 简易测绘程序

（1）准备工具。场地测绘包括两个方面的内容，一是地貌测量，包括地形和水体；二是地物测量，包括建筑、道路等人工构筑物和树木、山石等。在现场需要测绘3个数值，即长度、高程、角度。场地测绘是一门系统科学，精确的测绘需要精确的仪器，如全站仪；一般情况下使用经纬仪来测量角度，水准仪测量地面点间高差。如果没有上述器械，在地形变化不太复杂的情况下，用皮尺、指南针和量角器也能够测出较准确的地形。

（2）绘制总体平面与立面草图。在开始场地测绘前，需要绘制基础的场地平面和场地总体剖面草图。也可以从谷歌地图上截取场地的平面，以此为依据，在拷贝纸上描出平面图（平面图与立面、透视图等概念请参阅第六章）。平面草图中需要体现的内容包括：场地红线，现有建筑物与构筑物，建筑物要绘制建筑的轴线和柱网分布情况，水体、山丘或土坡、需要保留的树木（一般为树龄20年以上的乔木）、铺装与草坪的区域、主要的排水防线和汇水线。立面图包括主要的建筑和构筑物的立面。剖立面图主要包括场地东西向和南北向的剖面，记录最高点和最低点、主要的地形变化、构筑物与种植现状等。在时间和精力允许的条件下，图纸包含的信息越多越接近准确。

（3）量边、测角、测量高程。首先，创建一个指向正北方的坐标象限，确定坐标原点。一般将场地最左下角的点设定为坐标原点。尽量保证所有的对象都处于第一象限。对照场地实际情况在平面草图上确定控制点。控制点是场地最为关键的有参照性的点，可以作为其他细节测绘的依据。如场地东西南北最外侧的点、建筑的转角、道路的中点、转折点等。相邻的点之间应通视，地面平坦。测量时应从场地最重要的控制点开始测量起，然后根据控制点的坐标测量其他的点，测量的点越多，图纸相对越精确。

量边：用皮尺丈量点与点之间的距离。注意地形复杂时应该分段测量。

测角：用经纬仪或罗盘来测量两个点之间的夹角。

高程测量：用水准仪测量两个点之间的高差。若地形复杂，则要分段测量。

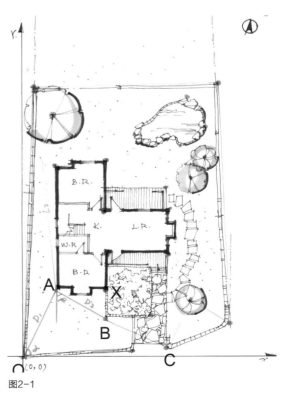

图2-1

弧线的测量：根据3点确定一段弧线的原理，首先确定弧线的两个端点，连接端点做直线，过中点做垂线可确定第三个点的位置。

如图2-1所示，先测量原点O到控制点A的直线距离D1，然后测量与水平方向的夹角α，就可以确定A点的具体位置，依次类推，确定B点、C点等，把一级控制点确定下来。接下来，可以在一级控制点的基础上测量二级控制点的位置，如根据点A确定点X的位置。

（4）整理数据，绘制图纸。创建坐标网格，根据场地大小来定比例，如1:100的图纸选择实际间距为1米的网格。将之前测量过的草图中的控制点描在坐标图上，根据控制点的位置逐渐细化，完成总体平面。很多自然形态的不规则形状如水池等，可以利用坐标网格较快地绘制出来。立面的测绘也是同理。

现场测绘要注意读数准确，注写清晰，特别是某些细部尺寸易重叠，尽量采用避让方式注写。根据测量的草图绘制准确的平面图。

（5）最后是校对，也是最为重要的一步，如发现错误及遗漏应及时更正与补充。测绘小组可采取互检方式，为最终绘制正稿认真检验核实所测得的每一项数据记录，并根据实测物象，对整体外形加以比照，图2-2、图2-3所示为实地测绘场地的作业图纸。

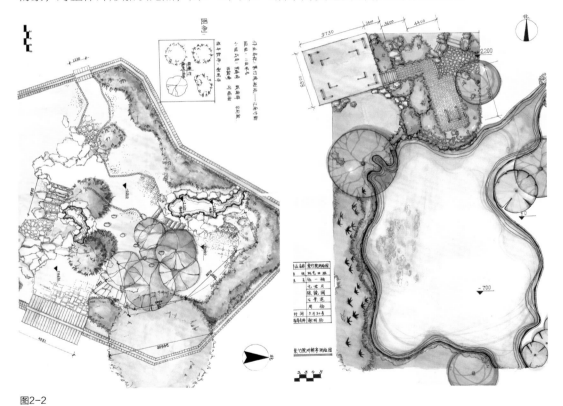

图2-2

2. 快速测绘的小技巧

（1）如果场地比较大，先将它分成可以拼成整体的几个部分，选择可以参照的基线，如房屋主要的一条边界。

（2）充分参照现有物的尺寸，如地砖的尺寸和数量，栅栏板的数目等。

（3）如果花园的形状较复杂，可以从已知的直线边缘以直角拉一根线来确定位置，然后再测量多余的部分。

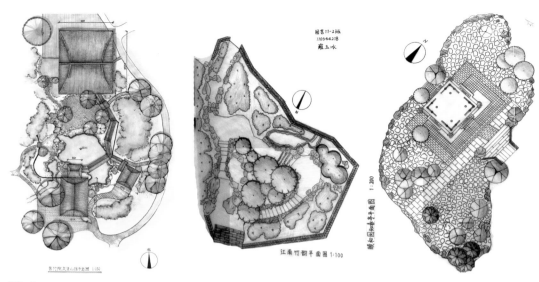

图2-3

（4）在有需要测量高程坡度的场地，需要用竹签在场地做网格状的标记，单位为1米或5米（视场地大小和所需高程详细程度而定）。

直接以此为依据在笔记本上画网格放线图。测量标记点的高程。

（5）利用手机App等便捷工具测量场地，如"测量自己土地"、"测距仪"、"magic plan"等。

（6）以高程标记图为基础绘制等高线图。

a. 以下图网格高程标记图为例来绘制高差一米的等高线图，红色边线为场地红线，网格间距为10米×10（A，B，C，D）米。等高线详细程度取决于网格密度及高程点详细程度，如图2-4所示。

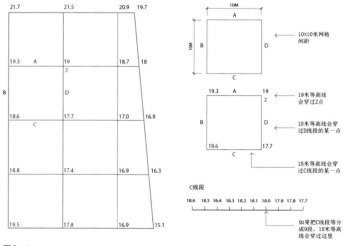

图2-4

b. 如绘制一米为高差的等高线，首先要判断将会有哪些等高线出现的图中，根据高程标记数据16、17、18、19、20、21米共6条等高线将会出现在图中。其次，判断出每一条等高线各自所穿过的网格段；如有整数高程数据点，则直接穿过。

c. 以高程数据为依据，假设高程点之间的地面为平均坡度，从而计算出等高线所穿过的准确点。如图2-5中C线段的两端高程标记是18.6和17.7，这两个高点数据决定了需要均分成9段，从而找出18.0的穿过点（两个数值之间的差距决定了找出等高线所需要分割的段数）。

d. 接下来在线段中等分所需要的段数，用几何平行线来绘制等分线。如图2-5所示将任意长度的AB线段等分为7份。

将线段等分也可以用测量的方法，在实践中，几何方式更为准确和快速。

e. 通过以上方法绘制出的等高线图，如图2-6所示。

在有坡度的场地中，等高线图是对设计有重大意义的资料图，随后设计中的所有平面和剖面都必须以此为基础，即便是设计新的坡度规划也必须以此为基础来作出。

2.1.2 场地内对设计产生影响的因素

1. 日照分析

庭院设计必然会受到建筑的影响，使某些区域采光困难甚至终年不见阳光，那么这些区域就不能考虑种植喜光的植物或者用来做户外的聚会休息区。用计算机模拟日照的阴影可以很快地帮助设计师了解场地一年四季的日照状况。重点记录冬至、夏至和春秋分的日照情况，可以大致了解场地全年的阴影范围。在场地的全荫区要避免设计种植喜阳的植物，在全日照区可以设计休闲娱乐的场地等，如图2-7、图2-8所示。

另外，阳光照射的角度在一天的变化也是设计考虑的重要自然因素之一。在特定的时间制造树荫以服务于一个特定的功能，如在朝南的窗口种植落叶树；在朝西的外墙种植常绿植物以遮挡西晒等。设计师需要对场地中一个特定时间段进行着重渲染，如日出或日落景色等，需要对场地中一天的光线变化结合建筑有透彻了解，并能在范围内选定适当的植物和功能设置。其中对材料的影响也是显著的，从铺装的色调选择到光线直射反射等，都会使得各种庭院材料

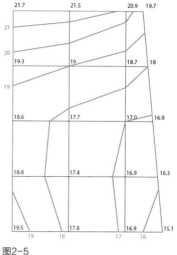

图2-5

· 从A到B点线段，等分7段

· 从A点为基准，画出锐角线段AC；在线段上标出直尺上任意7段等分间距（总长度与AB线段类似）

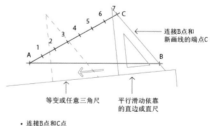

连接B点和新画线的端点C

等变或任意三角尺　　平行滑动依靠的直边或直尺

· 连接B点和C点
· 以此线为基准平移三角尺，画出平行线穿过1至7标记

· 至此，AB线段被等分为7段

图2-6

17

显示出不同的特征。比如说在阳光直射的地方运用反射程度小的材料，在树荫处选择简洁明快一些的造性等。

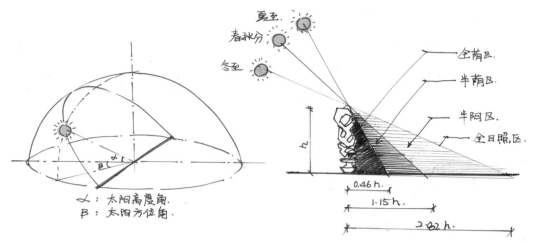

图2-7　北半球的太阳高度角与形成阴影的关系，其中h指物体的高度

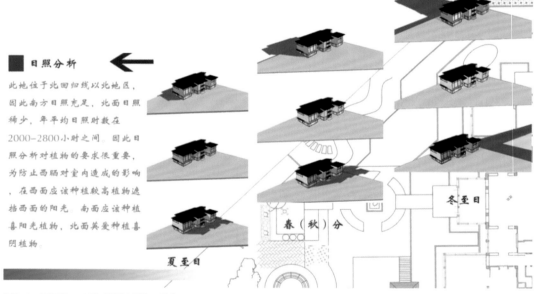

图2-8　利用SketchUp模拟的场地日照状况

2. 气候因素

场地的气候有区域气候和微气候之分。中国的风水理论的主要内容就是研究气候和场地的相互关系对人居住舒适度和健康的影响。区域环境指相对宏观的气候，如所处的气候带，包括年降水量、平均温度等。这些资料较容易获得，例如，可以查询风玫瑰图了解当地的季风的方向和强度。风玫瑰图指某地在一定时间内的风向和风速的频率。风向一般有8个方位或16个方位，模量的长短表示各风向的频率。风玫瑰图通常有年、季和月等多种，也有按特定风速绘制的风玫瑰，该图通常由专业的软件生成。如果场地冬季的西北季风较强，持续时间较长，那么

在设计之初就应当考虑通过设计墙体或常绿植物来挡风，给庭院一个舒适的微环境。如果场地处于较湿润炎热的环境，就要考虑通过设计户外的遮挡物或者种植能庇荫的大树带来凉爽，并且地面材料要耐腐蚀等。在降雨量较多的区域可以考虑在庭院中设计收集过滤雨水和灌溉的装置，既丰富了景观效果，又实现了环保和维护的需求，一举多得。

处于不同区域气候带下的植物也会有着不同的物候，如长江流域的樱花4月初开放，而华北地区的樱花会晚半个月左右。随着时间的流逝，四季的更替，场地的景观也会随之发生变化。在一天当中的十二个时辰，日出日落，景致每每不同；一年当中，二十四节气，春分秋日，风雨阴晴，景致特色更为突出。这种由于季候和植物动物生物周期的影响空间的效果的特点，称为季相。中国传统园林中借季相表达时空的手法非常成熟。例如，苏州冠名玉兰堂的庭院，每到花开时节，听得和风阵阵时，玉兰花香随风而至，看似体现植物的美感，其实更是表达季节更替的时令特征，毫无造作之感。以华北地区的植物为例，三月早春期间，山桃、迎春、连翘开花，旱柳抽绿芽，园林以黄绿色调为主显得生机勃勃；四到五月间樱花、碧桃、紫叶李、榆叶梅、郁金香、海棠、丁香、金银木等花朵竞相开放，显出一片春意盎然、生机勃勃的景象；盛夏时节荷花、睡莲等开放，园林里绿荫浓郁，十分惬意；金秋时观叶的植物如元宝枫、槭树、银杏、栾树等纷纷转红，花楸、山楂等硕果累累，一派热闹喜庆的景象；冬季大部分落叶植物显出或清秀或苍劲的枝干，雪地中的红瑞木、枝头绽放的腊梅等姿态更显清高，别有一番情趣，如图2-9所示。

图2-9　左：落叶树种组成的林荫大道在四季变化显著地区表现出的各季节景观
　　　　右：了解季节变化、干湿变化从而选择合适的植物在不同时期开花

雨季和旱季对室外庭院的影响是非常显著的。大多数植物在雨季会快速生长，显得枝繁叶茂，然而主要表现色彩的花朵并不会在这个季节大量盛开，所以，此时的色彩以各种纯度的绿色为主，层次上需要靠叶茎的外形和质感来表现。另外雨季地表的雨水径流量加大，排水和渗水压力增加，庭院里硬地铺装设计需要考虑完善的排水系统，草坪及栽培区域的土质需要考虑良好的渗水性。

旱季大多数植物生长速度明显减慢，落叶植物开始变色，大部分常绿植物也开始显得干枯。在植物选择上应考虑一些能在旱季保持绿色纯度或者在旱季开花的植物。同时在旱季最显衰败的因素是地表植物，如选择单一雨季草坪，就会大面积枯黄，在旱季明显的地域应适当选择混合草坪种植，使得旱季也能保持庭院的生气。

了解微气候需要设计师到现场去观察体会。例如两个高大的建筑物之间可能会有加强楼间风的效果，使人感到不适；地形的低洼地带的空气流动会相对缓慢，较为闷热等。这些问题都是下一步深入设计需要妥善解决的问题，应当重视。

3. 简单判断土壤的性质

对土壤判断一般基于其两种性质分类，分别为土质和酸碱性。土质分为三种：沙质，壤土和黏土。沙质土（sand）指由大量的沙和少量的黏土混合而成的土。沙质比例较多的土壤透水透气性较好，但养分保有量和保水性能较差。黏土（clay），又作粘土，是颗粒非常小的可塑的硅酸铝盐。除了铝外，黏土还包含少量镁、铁、钠、钾和钙，是一种重要的矿物原料，一般处于土壤断面下层部分。黏土的保水性和养分保有量好，但透水和透气性较差。壤土（loam）指土壤颗粒组成中黏粒、粉粒、砂粒含量适中的土壤。质地介于黏土和砂土之间，兼有黏土和砂土的优点，通气透水、保水保温性能都较好，是较理想的栽培土壤。这类土壤，含砂粒较多的称砂壤土（砂质壤土），黏粒较多的称黏壤土（黏质壤土）。判断土壤土质可以用简单的玻璃瓶沉淀法。把取样的土壤适量的放入透明玻璃瓶中倒入足够的水，均匀搅拌后沉淀，然后观察沉淀分层来判断土壤性质，如图2-10所示。

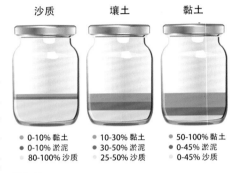

沙质　　壤土　　黏土

- 0-10% 黏土　● 10-30% 黏土　● 50-100% 黏土
- 0-10% 淤泥　● 30-50% 淤泥　● 0-45% 淤泥
- 80-100% 沙质　 25-50% 沙质　 0-45% 沙质

图2-10

以上三种为大致分类，具体细分如图2-11所示。每种植物对土壤都有特定要求。虽然植物对土质的要求并非绝对，要想达到最佳生长状态需要提供相应的土质环境。如在设计中没有大范围更换土壤的条件，便要求设计师根据现有土壤条件选择相适应的植被。对土壤中有机物含量同样可通过玻璃瓶沉淀试验来判断。由于有机物比重较轻，一般浮在水面，颜色较重；已部分降解的有机物叫做腐殖质，其对植物生产起较大的辅助作用，同样会处于沉淀物上层，但比例通常较小。

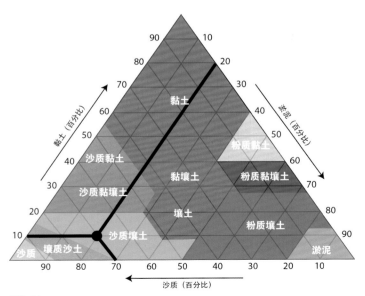

图2-11

土壤酸碱性是土壤另一重要性质。对植被生长起至关重要的作用，特别是对酸碱性敏感的植物。一般快速检验方法是运用粉状化学试剂包。一般流程为在土壤取样上撒试剂粉，再滴数滴液体试剂，等待3、4分钟之后观察颜色变化，对比色彩以判断酸碱性（如图2-11所示）。在勘测现场应采取多点土壤取样并在平面图中标出取样点。取样点的选择一般遵循以下几点原则，第一，较大区域以Z字形转折为取样点，间距5米左右；第二，如有坡度应对高点和低点取样；第三，在有特殊设计预想的区域取样，如未来可能的种植区域等。

土壤中有机物和其他物质对土壤性质也有较大影响。如树木下的土壤因为含有树叶的腐殖物导致酸性较高，向阳墙下的土壤一般碱性很强，低湿处的土壤酸性较强。植物一般生长在pH值4~7.5的环境中，6左右的中性土壤既适合酸性植物也适合碱性植物。如无需做大规模勘测的小空间，可以在现场抓住一团土壤握紧，如果能粘结成团，说明土壤颗粒较小，是黏土；如果手指松开后土壤松散分离，且有不少纤维，则是沙土或泥炭土（含有机质较高的土）。

4. 周边环境

建筑的设计风格与样式、结构与使用材料。建筑的主要出入口、主要立面、交通关系。庭院周围地区的植被、场地现有的树种，尤其是树龄20年以上的乔木，应当在图纸上一一标记出来。庭院所处区域的总体空间形态，人口密度、人群特点、社区的总体氛围和特色等。还应当注意场地周边是否有能够引起关注的事物，如一个赏心悦目的喷泉，或者紧邻一个大型超市的入口等。想要对场地深入理解，一定要现场观察和思考，因为图纸和照片是丢失了很多真实信息的片面的记录。例如，现场周边是否有大片的美景可以作为借景的对象？场地是否有大风影响人的户外活动？周围是否有较大的噪音给人带来不悦？

应当注意的是，对整个场地的体验除了直观的空间形态、空间分隔、空间序列等以外，还应当注意空间的动线关系，即人在空间中或游走，或停留等不同行为时的感受。可以记录下游览现场的具体画面，例如，"开始的入口处是一个小小的精美的月牙门，进门后看到开敞的空间，绕过建筑看到后院的树林和水池，给人静谧的感受……"这个过程仿佛随着电影镜头的推移带来一幅幅场景，彼此有所关联，前后有所呼应，给人一个四维的综合体验，如图2-12所示。中国古典园林的设计很早就强调空间的动线组织，参照山水绘画中散点透视的特征，强调园林的"可游性"，如观游、环视、游览等。较小的空间内通常设置一些视角最佳的观景点，或在园林中布置一块较为开敞的场地便于环视，称为静观。如香山脚下的

图2-12 扬州的何园回廊花窗借景，戏剧性地强调了庭院的空间层次

见心斋，便是一处建筑廊宇环绕一片圆形的水面展开，绕池一周，有槛前细数游鱼，有亭中待月迎风，花影移墙，峰峦当窗，宛若展开的手卷册页，让人置身画中，细细品味。所谓动观，就是设计师在造园之前精心策划了游历的时间过程中的每一个点，在有限的空间中尽量拉长游览路线，使观者顾盼回眸之间都能看到如画的美景。

5. 视线关系

很多设计师喜欢把庭院的平面画成一幅精美的图案，等到建造完成才发现身处其中，根本无法欣赏到整个庭院美妙的布局，除非在高层建筑的顶层往庭院俯瞰。由此可见，分析场地的视线关系是开始设计之前的重要工作。具体来说，庭院设计中的视线关系主要有：从建筑客厅或卧室、餐厅等主要休闲娱乐空间的门窗往外看到的范围；庭院入口处的效果；从主要的路线看过去的视觉层次等。这些场景是一个庭院最常展示给人们的样子，因此是设计中最重要的。

视域指人眼能看到的景物的范围。人眼视域为一不规则圆锥形。双眼形成的复合视域范围向上为70°，向下为80°，左右各为60°。在保持放松、平视的情况下，能看清景物的垂直视角为26°～30°，水平视角约为45°～60°，以此视域形成的景观清晰而平和，最适静观。因此，人最佳视域范围一般为垂直视角小于30°，水平视角小于45°。使景物与观察者之间保持最佳视角的距离称为最佳视距，如图2-13所示。

若景物高度为H，宽度为W，人的视高为h，那么最佳视距与景物高度或者宽度的关系可以表示为：

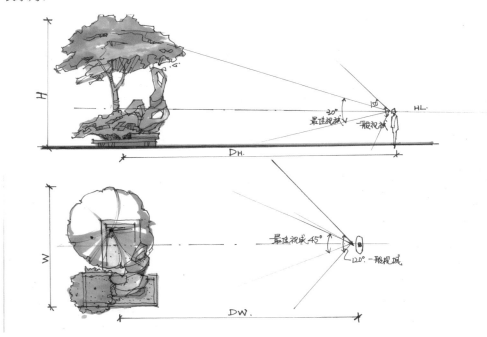

图2-13 分析视线关系时应考虑视觉的层次与最佳视域范围两方面

$$DH \; (H-h)ctg\frac{\alpha}{2} \approx 3.7(H-h)$$

$$DW=\frac{W}{2}ctg\frac{\beta}{2} \approx 1.2W$$

其中，α——垂直视角

β——水平视角

DH——垂直视角下的视距

DW——水平视角下的视距

人对世界的认知经验80%是从视觉获得的，然而，另外的20%也非常重要，尤其是在体验空间环境中，更是不能忽略。相对于建筑空间而言，庭院的空间是不断变化的自然界的一部分，受到风、气味、阳光雨露、阴晴雨雪等各种因素的影响。光影的变化，温度的冷暖，植物的香味，都会影响人们对空间的感受。

例如，寺庙佛塔上悬挂的风铃在空间中回荡的声音，使人感觉空间无限深远，而窗外雨打芭蕉清脆和声音和飘进来的桂花香味，又使人感觉庭院空间是紧凑的、亲近的。

2.2 设计任务解读

2.2.1 设计任务书

设计委托方即甲方，应提供设计任务书。设计任务书是设计单位在接受设计任务之前，由业主组织撰写的有关设计项目信息、要求、结果等的综合性文件。这个文件在根本上指导设计单位及相关设计施工人员对项目的操作运行。一个阐述明确的设计任务书能够使得设计目标明确，责权明晰，沟通渠道顺畅，项目运作顺利。

设计任务书要素包括：一是设计内容，包括设计范围、项目描述、项目概述，设计所包含的区域、限制性条件，并提供相关平面图、立面图；二是设计要求、包括功能描述、风格要求、材料限制、项目投资及造价等信息；三是设计时间，包括设计阶段及最后期限、主要描述设计初稿时间要求、设计阶段性时间要求、施工及可能的竣工时间要求；四是设计及项目预算，其中包括设计费预算、项目总投资预算及可能的阶段性项目预算；五是特殊要求，如对材料、施工工艺、定制项目等的具体要求。

设计单位称作乙方。乙方的工作包括完成整个项目的方案、扩初和施工图设计、在调研与施工阶段与相关单位配合、向甲方汇报方案、在施工阶段现场配合，直到工程项目竣工完成验收。对乙方而言，仔细阅读和理解业主的设计任务书就如同命题作文的审题阶段。对设计项目概况及设计要求的理解决定设计工作的方向，这一方向性的确认即对限制性条件的总结和理解，如场地周边条件、气候条件、资金条件、材料条件、功能条件等情况。有时候业主提供的设计任务书或者口头描述很可能很不清晰，甚至互相矛盾。例如，业主希望欧式几何风格设计并有相应的建筑元素符号对应，而整个项目投资规模无法达到最低可能；又如业主有诸多功能的希望，而场地却无法满足所有功能的实现或者可以实现，使用起来却相当局促等。设计师有必要预先分析总结并作出判断，及时调整设计任务书的内容。

2.2.2 沟通与共识

与客户和业主的沟通是贯穿整个设计和项目操作过程中至关重要的一环。作为设计师，必须具备良好的沟通能力并能通过各种方式（语言、速写、方案搞、演讲等）达到自己的设计目的，使得自己的设计能够顺利实施，并既能在必要的时候作出妥协，又能在关键的时候坚持想法。

有时候，客户与使用者并非一体，通常在公共花园景观及商业景观项目中，甲方（即出资方）可能是政府或者企业所有人，而使用方是公众或者企业员工，那么，设计师不仅仅与甲方或者业主沟通，并且需要与使用者沟通，而往往个体的与规模较大的使用者沟通是不实际的。

这种情况下，为了使得沟通有效率，需要设计沟通和获得信息及反馈的方式及渠道，并能使其方式有效的贯穿整个设计过程。其中方式包括以下几种，1. 组织代表进行会议直接沟通；2. 设计问卷调查，整理并归纳要点；3. 电话随机抽样调查。以上方式的目的是满足设计对功能最大的满足和设计及施工过程中最低限度减少可能的障碍。

与客户沟通意味着真正学会从业主的角度，全面地考虑问题，对庭院景观的理解和设计最终必须是一个整体性的思考，应当重视可持续性的概念。例如，在设计中通过设计简易的雨水花园和屋顶庭院储存雨水；通过在庭院中节水技术的设计减少用水量，如滴灌技术和选择耐旱植物等方法；通过人工湿地生态系统来净化废水或地表径流，甚至家庭废水；设置管用管线来使用家庭废水灌溉庭院，如厨房废水或淋浴废水以及中水；病虫害防治及综合管理技术的运用，如选择具有病虫害自然抵抗能力的植物；以高效节能的形式安置遮荫树木和创造防风屏障；选择透水铺路材料，让雨水渗入地下，补充到表层水和地下水，而不是仅仅依靠排水系统；在设计中尽量使用可持续采伐的木材和装饰材料，以及使用符合木材的使用；考虑使用回收的产品，如玻璃、橡胶轮胎和其他材料创造景观，如石材、地表覆盖物和其他材料产品；通过运用土壤管理技术，包括使用有机材料堆肥及其他庭院有机垃圾，保持和增进土壤的健康，支持土壤中生物多样性；使用可再生能源，包括太阳能供电的景观照明系统等。

另外，庭院设计建造完成的初期，由于植物都处在幼苗期，草坪需要1~2年成活，大多数灌木需要至少2~3年才能成形，乔木则需要更长时间，故而庭院完工时会显得非常空旷而无生机。只有经年生长植物成熟之后，才进入景观庭院的成熟期，再通过人与庭院的互动如修建枝叶树形、轮换年生植物花卉等，从而最终形成庭院相对稳定的形态。各种材料经过多年的室外侵蚀，会改变原来的面貌，如室外的木材的腐朽，铺装缝隙的加大等。这些变化应该都在预期之中，并在设计之初就期待着这种效果，目的是制造历史感，而不应是错用材料，使相关功能的丧失等，如图2-14所示。

图2-14 种植前和种植后的变化，以及花卉植物成熟之后的变化，设计师需要对这一变化有预测能力从而掌控设计结果

2.2.3 问题与挑战

通常认为设计的开始是收集信息、组织资料，并开始绘制图纸，而真正设计的开始则是始于对设计任务书的整理和总结。

在对设计任务书的解读中我们能找到很多"问题"。首先如以上所述，由于业主的非专业性，其设想的可行性便是首先要注意的问题；第二，在任务书之中可能未提到一些限制，如当地植物材料供应和施工工艺等问题；第三，在微气候条件下的限制（如风向、空调位置、地下管线对未来设计可能造成的影响）等。在确定设计方向，并初步对出现的问题有所归纳之后应转换思维，此时应把问题即挑战作为设计发挥的才能，"障碍"越突出越需要转换思考角度。例如，由于建筑结构问题在空间中出现的障碍物，如地下室排气管，或者地下管线铺埋深度无法种植平行根系的植物等，这些"障碍"看似恼人，却往往是设计的出发点，甚至是概念的来源。

在此阶段所需要做的并非依此理论立刻进行"完整"的设计，只需要总结归纳出各种各样的"问题"和可能性，并以文字、速写、照片等方式记录下来，以备后用。这一表格应在设计初期场地勘查和与客户初步沟通过程中完成。越完善的信息对随后的设计作用越大。其中业主对功能和相应设施的需求用作为着重了解和沟通的目标。

（表格2-1 场地景观评估清单）
庭院设计场地评估清单

一般地块			
任务		完成（Y/N）	记录
测量	地块边界线		
	地块铺装，水池，草坪		
	显著结构（房屋立面包括窗户、门、棚）		
	记录显著结构（特点、植物）		
	记录高度和高结构（例如：篱笆）		
高程	显著上升和下降的地方及场地最高点与最低点		
	台阶		
土壤	土壤样品检测（酸碱度及土质）		
	植物的条件帮助分析土壤		
植物	记录重要的植物（大树及古树）		
	存在的害虫和病害		
灌溉	记录现有的灌溉路线和灌溉站		
环境	日照方向		
	风向		
	阴影覆盖区		
	排水流经，记录雨水流经		
	记录水表，电和通信线路		
	主要视线，记录"借景"特点		

一般地块		完成（Y/N）	记录
任务			
	记录交通图		
特别地点	屋顶，竖向花园		
测量	墙的高度（垂直花园）		
结构	工程报告（确定是适合的地块）		
	记录潜在的安全问题		
	现有还原的地下结构		
土壤	现有土壤的深度		
环境	记录重大环境问题，高于常温、遮阳、风向问题		
	污染和空气质量		
客户			
了解基本情况	什么是业主想要的？		
	有什么限制条件？		
	功能是什么？		
	什么风格？（现有、要求的）		
	是新建的还是翻新的？		
	业主是否有意愿结合各种环境可持续系统进行设计？		
	业主是否有灌溉设施？		
	谁来维护这个花园？		
	有什么需要注意的重大变化（新泳池、棚）		
客户的特点	业主喜欢什么类型的花园？其中业主对功能和相应设施的需求 （见业主意愿清单）		
	什么图案，颜色和样式用在业主家其他地方？		
	业主是否有孩子？		
	业主是否有宠物？		
	业主是否需要特殊的出入口或需要？		
	业主喜欢什么样的植物？（外来的、本土的、彩色的？带香味的？）		
地图	谷歌地图，地形图，场地图纸		
场地信息	现有房子平面图		
	服务图和土地权		
	雨水及地表径流情况		
	电话咨询市政相关部门		
	灌溉计划和控制文件		

第3章
庭院的基本
风格演变

本章课程概述

　　以地域特征为分类依据，简要介绍庭院设计的各种典型风格的主要成因、时间、具体形态和布局特征等，从历史回顾的角度梳理世界庭院发展的大致脉络。

本章教学目标

　　理解因为地域、历史和文化形成的庭院基本风格。掌握各种庭院设计风格的构成要素和基本特征。

本章教学重点

　　中国、日本、英式、法式、意式和伊斯兰庭院风格形成和发展成熟的时期与影响；其主要的造园理念与手法，具体的造园要素和空间布局以及细部处理的特征；能够深入思考园林风格形成背后的地理环境特征、社会与文化环境特征及相互之间的关系等。

3.1　巧于因借——中式

　　了解中国传统庭院园林主要两条线索：一是集中在华北地区的皇家园林，以北海的静心斋、颐和园的谐趣园等园中园为代表；一是集中在江南地区的宋、明清的文人园林，以拙政园、沧浪亭、狮子林等为代表。而后者又极大地影响了皇家园林的建造，逐渐成为中国园林的主流，也是最有影响力的风格，如图3-1所示。

　　中式的庭院设计沿袭着中国传统园林的特征和风格，其设计思想可以概括为"因地制宜，巧于因借"。中式庭院强调对自然条件的充分分析与利用，而不是生硬地造景。中式园林的审美是四维的、动态的，强调人在漫步于庭院之中的视、听、嗅、触等多方面的感受，而不在具体的符号造型上过于着力。具体说来，其设计理念有若干规律，其一：相地借景，因地制宜。中国传统园林庭院极为讲究选址相地，如高处筑亭台以增其势，建筑贵于邻近水面等。《园冶》中"相地"篇分类介绍了山林地、城市地、村

图3-1　苏州拙政园的小飞虹廊桥，把水面巧妙地分隔为小巧幽静和开敞灵动两部分，借助建筑的框景，左右两侧呈现出不同意境美感的画面

庄地、郊野地、傍宅地、江湖地的庭院选址特点。在"借景"篇中谈及借景之法：远借，由近眺远；邻借，由此及彼；仰借，由下望上；俯借，由上瞰下；应时而借，空间景观随时序而变化。其二：庭院是由建筑、山水、花木组成的综合艺术品，讲究整体的组合关系，强调寄情于山水，诗情画意入境。例如，沧浪亭选址于水边案山之上，匾额和对联以沧浪之水明园主之心志，成为点睛之笔；而拙政园的建造蓝本正是由明代吴门画家文徵明所设计绘制的。其三：山水画论入境，含蓄，虚实相生，寓意含蓄，强调景外之意，画外之音。中国庭院中所选择的山石、植物都有自身的品格特征或者美好喻义，也与文化传统的偏好有关。如菊花、兰花比喻隐士，松、竹象征君子，孔雀、鸳鸯、乌龟、白鹤象征吉祥、忠诚、高洁等。其四：讲究以少胜多，以有限面积造无限空间。以残山剩水写意完整的自然空间，用有形之景借无形之景达到园外有园、景外有景的目的，如图3-2所示。

图3-2　拙政园多元组合的整体效果

　　中式庭院的构成要素为：山石、水景、构筑物、植物、动物。中式庭院中对山石的研究可谓登峰造极。用石头来巧妙地塑造地形和水岸是中式庭院的最大特色。观赏类蛭石有湖石、卵石、剑石、黄石四大类。其中对湖石的选择以"瘦、透、漏、皱"为上。由于传统文人对于石的欣赏文化源远流长，有传石痴米芾拜奇石为"石丈人"，宋徽宗更是精雕细琢其宫廷园林"艮岳"，因此许多中式庭院中都以置石假山为主要景观，如图3-3～图3-5所示。

图3-3　羡园的山涧水口：模仿了自然界的山水景致的
片段，体现了山水画论中的气韵生动

图3-4　中南海的"静谷"让人有不识庐山真面目的
感受

中式庭院的大水面往往采用"L"形布局，可使有限空间具有开朗的感觉，并且结合置石，形成山水环抱的格局。较小的水系一般采用分散理水的方法，其特点是：用化整为零的方法把水面分割成互相连通的若干小块，绝大多数呈不规划的形式以再现自然水景，一般忌宽而求窄，忌直而求曲，此外还应该宽窄对比，求得变化，产生忽开忽合、时收时放的节奏感，如图3-6所示。

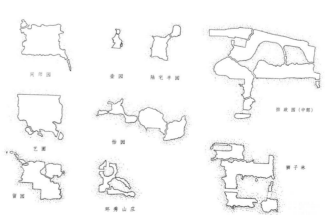

图3-5　明人作《十八学士图》中庭院以假　图3-6　苏州园林的水系形态
山植牡丹做背屏

3.2 参禅品道——日本庭院

日式庭院的设计往往与建筑空间结合得更为紧密，尺度和材料更为细腻讲究。在庭院创作中一直贯穿着悲哀、凄婉的情绪，景点意境追求自然超越人工，荒凉胜于人气。进而，对园林的审美凝固为许多不同的图式和禁忌。在文化氛围上不同于中式园林讲究"诗情画意"的美感，在表现佛家禅宗的意义上，可谓不遗余力。相比较而言，虽然日本庭院来源于中国，但在发展的过程中差异骤显。中式庭院和日式庭院同样受到"儒、释、道"三者的影响，中式庭院偏于"道"而日式庭院重于"释"。

日本庭院的设计特点概括来说有几个方面：其一，以静观为主，强调场所精神。不像中国园林那样强调"步移景异"的动态审美。其二，庭院的植物用量较大，重视搭配和修剪，并有植物的吉凶搭配等禁忌，而且几乎不选用开花的植物。其三，讲究佛家意境和禅宗理念以及茶道礼仪的表达，倾向"和、寂、清、静"。其四，庭院景物具有强烈的象征意义。

日本园林的风格类型包括枯山水、池泉园、筑山庭、平庭、茶庭这样几种主要的形式。

枯山水又叫假山水，是日本特有的造园手法，系日本园林的精华。其本质意义是无水之庭，即在庭园内敷白砂，缀以石组或适量树木，因无山无水而得名。枯山水一般在寺庙中出现，较少应用在私人宅院的设计中，如图3-7～图3-9所示。

图3-7 日本高松市某传统庭院南池与茶亭

图3-8 受佛教理念的影响，在庭院制作时，赋予山岳和岩石以佛姿，使庭院的构成和表现趋于抽象化

池泉园是以池泉为中心的园林构成，体现日本园林的本质特征，即岛国性国家的特征。园中以水池为中心，布置岛、瀑布、土山、溪流、桥、亭、榭等。按照《筑山庭造传》的平面图式，园林为池泉园，中心为水池，池中设中岛，池背后为筑山，池左右设主人岛和客人岛，陆地上有飞石，筑山上有独立景石。

筑山庭是在庭园内堆土筑成假山，缀以石组、树木、飞石、石灯笼的园林构成。一般要求有较大的规模，以表现开阔的河山，常利用自然地形加以人工美化，达到幽深丰富的景致。日本筑山庭中的园山在中国园林中被称为岗或阜，日本称为"筑山"（较大的岗阜）或"野筋"（坡度较缓的土丘或山腰）。日本庭院中一般有池泉，但不一定有筑山，即日本以池泉园为主，筑山庭为辅。

图3-9　一位僧侣正在耙出水的形态，京都。枯山水中的水景的形态也有很多种类与纹样

　　平庭即是在平坦的基地上进行规划和建设的园林，一般在平坦的园地上表现出一个山谷地带或原野的风景，用各种岩石、植物、石灯和溪流配置在一起，组成各种自然景色，多用草地、花坛等。根据庭内敷材不同而有芝庭、苔庭、砂庭、石庭等。平庭和筑山庭都有真、行、草三种格式，如图3-10～图3-12所示。

图3-10　高台寺，祭祀丰臣秀吉的正室北政所的古寺，因为以莴苣的造型作为主要的装饰，又称莴绘之寺。最右侧为日本漆画表现的高台寺

图3-11　日本京都大德寺偏庙的一处小型坪庭的枯山水景观。是典型的早期的"真"之庭院，比较细腻写实

图3-12　著名的枯山水庭院龙安寺是典型的平庭

　　茶庭也叫露庭、露路，是把茶道融入园林之中，为进行茶道的礼仪而创造的一种园林形式。面积很小，可设在筑山庭和平庭之中，一般是在进入茶室前的一段空间里，布置各种景

观。步石道路按一定的路线，经厕所、洗手钵最后到达目的地。茶庭犹如中国园林的园中之园，但空间的变化没有中国园林层次丰富。其园林的气氛是以裸露的步石象征崎岖的山间石径，以地上的松叶暗示茂密森林，以蹲踞式的洗手钵象征圣洁泉水，以寺社的围墙、石灯笼来模仿古刹神社的肃穆清静，如图3-13和图3-14所示。

图3-13 日本茶亭的布局示意：茶道讲究"和、寂、清、静"，追求日本茶道和歌道中的"侘"美和"寂"美。A 外门 B 厕所 C 等候亭 D中门 E 垃圾钵 F井 G洗手钵）

3.3 浪漫牧歌——英式

典型的英国的庭院成型于18世纪，受到启蒙思想、经验主义思潮、"风景如画"主义绘画、浪漫主义绘画和中国园林的影响，逐渐形成浪漫自然的风格特色，被称作"自然风致式"园林。它反对规则的几何布局而提倡向"地段的灵魂"求教，反对修建树木，任其自然生长，这种审美理想和东方庭院的"因地制宜"以及"场所的精神"理念是不谋而合的，如图3-15所示。

英式庭院的特点是，其一，具有规范的形式，它对观感要求很高，就是说从整个庭院的开始到结束，中间的每一部分都要求给你带来惊喜，这个标准发展至今，有一个专属的称谓：Picturesque。简单理解Picturesque的含义就是指从庭院中的一点到另一点必须设计出最合理的路线，这个过程又称为动线设计，如图3-16所示。

其二，庭院布局疏朗，较少茂密的种植，而是大片牧场间杂小片的树丛（来源于放牧的生活方式），所以显得非常开阔。英式庭院也具有戏剧性或超现实感受的审美倾向，例如，大片平静的水面与密集植物的搭配，故意种植的枯树或者是点缀一些"废墟"建筑，如图3-17所示。

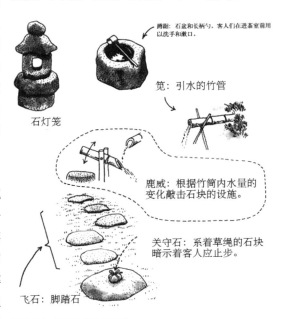

蹲踞：石盆和长柄勺。客人们在进茶室前用以洗手和漱口。

石灯笼

笕：引水的竹管

鹿威：根据竹筒内水量的变化敲击石块的设施。

关守石：系着草绳的石块暗示着客人应止步。

飞石：脚踏石

图3-14 茶庭中的主要元素

图3-15 英国风景画家霍延（Jan van Goyen，1596-1656）的绘画作品是英国著名造园家威廉·肯特的蓝本

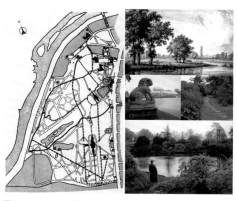

图3-16 邱园是英国的皇家植物园，其景观也体现了异国园林发展史上的几个不同的特色。左：丘园的平面布局 右上：月季园南边视线焦点上是钱伯斯设计的中国塔 右下：丘园其他的景观节点

图3-17 设计师肯特追求的是自然要素直接产生的情感效果和广阔的风景构图。他认为风景园及其周围的自然景观应该毫无过渡地融合在一起，其名言是："自然厌恶直线"。图为他设计的汉密尔顿的松山园

其三，具有折中主义的特点。尤其是18、19世纪出现的英中式园林糅合了来自中国、伊斯兰、土耳其、印度以及希腊和罗马的园林及建筑风格，强调异域风格新奇的装饰性，逐渐背离了本土风格，受到了争议（如图3-18所示）。

其四，重视花卉等草本植物的配置。其中，"花境"的设计达到了极高的水平。

花境（flower border）

花境一般利用露地宿根花卉、球根花卉及一二年生花卉，以带状自然式栽种。它是根据自然风景中林缘野生花卉自然分散生长的规律，加以艺术提练，而应用于园林景观中的一种植物造景方式。因此，花境不但要表现植物个体生长的自然美，更重要的是还要展现出植物自然组合的群体美。花境布置一般以树丛、绿篱、矮墙或建筑物等作为背景，根据组景的不同特点形成宽窄不一的曲线或直线花带，柔化了道路与绿地、建筑的边缘。花境内的植物配置为自然式，主要欣赏其本身特有的自然美以及植物组合的群体美。英国的金吉尔女士发展了英式花境的设计与维护的艺术，强调花卉的色彩、花期的搭配应体现丰富的

图3-18 英中式庭院中的异国风情园林建筑

层次和微妙的变化，具有非常高雅的美感。通常花境植床一般应稍高出地面，在有路牙的情况下处理与花坛相同。没有路牙的，植床外缘与草地或路面相平，中间或内侧应稍稍高起，形成5°～10°的坡度，以利于排水。

隐桓（哈哈墙）

英式园林很注重利用地形的起伏变化来达到分隔空间，形成景观层次，遮蔽不雅物体等设

计意图，避免过多的人工构筑物来破坏浑然一体的自然式的美景。因此，在园林的边界，往往用隐桓来阻止人们通行。当时的贵族骑马靠近时，发现是一道沟渠，就会哈哈一笑，所以又称为哈哈墙，如图3-19所示。

图3-19　隐桓

3.4　图解君权——法式

法国位于欧洲西部，以平原为主，有少量盆地丘陵，而中国的地形起伏变化丰富，名川大山，湖泊河流星罗棋布，因此孕育出了截然不同的审美与文化：前者强调数学几何秩序和透视规律呈现的视觉美感，而后者是寄诗情画意于山水之间的浪漫主义审美，在世界园林的历史中可谓东西风格的突出代表，交相辉映。典型的法式花园成形于17世纪，受到理性主义思潮的影响，是欧洲古典主义美学思想的集中体现。法国庭院的设计往往运用古典主义建筑的造型法则，讲究秩序感、比例关系、均衡对称及图案的优美严谨，如图3-20和图3-21所示。

图3-20　凡尔赛中的园林是巴洛克庭院景观的杰出代表。设计师勒诺特尔按照路易十四的设想规划设计了这座具有非凡气势的宫苑

图3-21　凡尔赛宫的阿波罗浴场的设计受到英国风景园林的影响，希腊柱式若隐若现，仿佛置身于奥林匹斯诸神之山。自然风格的岩洞和雕塑仍然隐含着数学比例

法式庭院设计的主要特点体现在：其一，崇尚人工之美，要求地形平坦开阔，不惜人为处理基地。这与中国人讲究"因地制宜"的原则正相反。其二，强调场地布局的轴线关系，强调对称优于均衡，重视透视原理在庭院视觉效果的体现。整个庭院有最佳观赏点，可以看到画卷般的庭院布局，而不是"步移景异"那样动态的欣赏。其三，讲究设计尺度的模数关系，所有的造型元素都要有数学上的比例关联，以构成和谐的画面，因此树木等也需要修剪。其四，法

式庭院多用大面积的静水，欣赏其反射的画面效果，叫做"水镜"。动态水景往往设计雕塑喷泉（如图3-22所示）。

图3-22　法王路易十四是光芒万丈的太阳之王，因此在景观主轴线交汇的十字中心水池设计了一组太阳神阿波罗出巡的镀金雕塑，图为四个不同方向的透视效果

模纹花坛

模纹花坛又叫毛毡花坛或绣花植坛，来源于法式庭院花坛的造型，是现代的称谓。此种花坛是以色彩鲜艳的各种矮生性、多花性的草花或观叶草本为主，在一个平面上栽种出种种图案来，看去犹如地毯，与花境设计讲究自然美感不同，模纹花坛外形均是规则的几何图形，如图3-23所示。

迷宫

法式风格的庭院强调植物的统一性，往往成排成列的种植，形成背景或屏障，几乎不注重孤植植物的美感，弱化植物的单体特色。迷宫花园的设计与此特点相关，同时，也满足了宫廷中游戏娱乐的需求。迷宫一般修剪侧柏，黄杨等高灌木，与雕塑小品等结合，体现趣味性，如图3-24所示。

图3-23　维兰德里庄园庭院

图3-24　用侧柏、冬青等常绿耐修剪灌木围合的迷宫是法国古典主义庭院中的典型元素

3.5 人间戏剧——意大利风格

意大利庭院的风格起源于罗马的建筑和园林艺术，在16世纪末文艺复兴和巴洛克艺术成熟阶段达到了高峰。最为优秀和典型的意式庭院多是贵族或主教们的度假别墅，坐落在风景优美的度假区，追求休闲的乐趣和审美的体验。意式庭院的风格介于法式和英式花园之间，体现着人工美与自然美的和谐统一，也是托斯卡纳风格或地中海风格的早期借鉴样式。意大利半岛多山地，建筑多依势而建。意式庭院改造山地的手法是修筑整齐的层级台地（一般而言，最少有3级），所以意式庭院也称作台地园。例如，著名的埃斯特庄园位于罗马以东40公里的梯沃里小城边，座落在一处面向西北的陡坡上。庄园用地呈方形，面积约4.5公顷。

意式庭院的特点概括说来体现在几个方面：其一，由于意大利四季气候宜人，户外活动是人们最为重视的，所以花园的设计包含了大部分的居住和社交功能。其二，尤其重视并且擅于创造水景，特别是动态的水景。奔流的水如同花园的血脉，再现了水在自然界的各种形态。罗马时期的遗风，如在水中送餐和酒，垂钓等活动也一并保留下来。其三，庭院的设计讲究构图的完整、图案化，有着不十分明显的轴线关系。其四，在种植上较少使用花卉，大量应用修剪成各种形状的松、柏等常绿植物和灌木造型，与庭院周边成片的丛林形成对比效果。意大利耐修剪的树木很多，最著名的是伞松和笔柏，如图3-25所示。

图3-25　兰特庄园中的长条形石台，中央有水渠穿过，可借流水漂送杯盘，称为餐园

绿色剧场：是意大利庭院中一个重要的组成部分，多数只有用树木修剪成的不大的舞台，少量也有观众席。一般用紫杉树修剪成天幕、侧幕、演员室、指挥台、题词人掩蔽所等，而舞台则是草地，如图3-26所示。

石作：包括台阶、平台、挡土墙、栏杆、亭子、廊架等，此外还有花盆、雕像。这些要素是建筑向花园的延伸和渗透，也是意式庭院最有特色的元素，有着很强的装饰特点。很多意大利花园的台阶设计极为华丽。

喷泉：喷泉是意大利庭院最富有特色的元素。喷泉的设计沿袭了罗马时期别墅水景的作用，是消夏祛暑的水池。巴洛克时期的喷泉跟华丽的亭、廊之类的建筑物结合，或者跟雕像结合，建筑性比较强。也有非常自然的设计，将小小的喷嘴隐藏在树根下，草丛或石板之间，处处喷涌，随风轻扬，滋润得满园清凉。意式庭院中对水的处理非常精彩，例如，意大利两个最为著名的水景园，埃斯特别墅的花园以千变万化的喷泉取胜，而兰特别墅花园则表现了水自出山岛入海的全过程中的各种形态，如图3-27~图3-29所示。

图3-26　意大利园林中的绿色剧场

图3-28 凡尔赛宫内吸取了意式剧场的元素，水景与台阶的结合给人特别的体验

图3-27 法尔耐斯府邸由建筑师桑迦洛设计，兴建于1547–1558年间。他去世时建筑尚未完成，由米开朗基罗接替。建筑平面呈五角形，外观如城堡，是文艺复兴盛期最杰出的别墅建筑之一。法尔耐斯府邸的中轴线由一系列石作的水池构成

图3-29 埃斯特庄园的百泉台

有些喷泉与复杂的装置相结合，形成"水风琴"和"水剧场"。水风琴使得水流形成气流，让金属管子发声。而水剧场则通常是半环形的建筑物，大多靠着挡土墙，有一列很深的岩洞，内置雕像或一些水力驱动的飞鸟走兽等，还有叫做"机关水嬉"的戏弄游人的恶作剧的水装置，如图3-30所示。

3.6 以人为本——斯堪迪纳维亚风格

斯堪迪纳维亚地区包括丹麦、瑞典、芬兰、挪威等北欧国家。由于气候寒冷，北欧的庭院设计重视冬景的效果，尤其是雪景处理。所以，庭院的空间层次和构架布局比较丰富，常绿灌木被精心修剪，花池处理也遵循着严谨的几何关系。岩石园是北欧庭院设计的代表元素，模仿北方海岸的景观，在富有雕塑感的砾石旁种植成丛的一人高的草本植物，点缀罂粟，或以成片的郁金香衬托，散发着混合着艳丽和荒芜的矛盾魅力。

图3-30 埃斯特庄园著名的水风琴

北欧庭院设计的风格总体与法式庭院相似，讲究轴线和对称等古典审美的法则，但也有其独特之处。其一，非常重视人的行为对空间布局和造型设计的影响，强调功能的合理便利。其二，尊重传统，推崇工艺品质，偏爱给人亲切感受的木材、陶土制品，整个空间显得朴素而精致。其三，在审美方面追求简洁，本色的质朴感，很少刻意装饰，显得卓尔不群，超凡脱俗。装饰物的主题通常是来自生产生活的内容，如植物、动物的图案等，造型和色彩都显得优美、含蓄、冷静。

北欧庭院大多是白色或浅木色调，对彩色的应用比较谨慎，可能与气候与日照较少有关，如图3-31~图3-34所示。

图3-31 瑞典哥特堡宫廷建筑周边的庭院景观较为严谨整齐，而后花园的设计带有浪漫柔美的风格

图3-32 鲍尔斯考特花园

图3-33 典型的北欧庭院建筑小品：观景区域是阳光房，背侧是收纳工具的橱柜

图3-34 典型的北欧居民的住宅庭院

3.7 天堂之园——伊斯兰风格

伊斯兰国家，从西班牙到印度，相去万里，而造园思想基本一致，那就是以《古兰经》中的"天园"为造园的蓝本，描绘安拉和他的信徒们的安逸幸福的天堂。在审美方面，波斯人认为客体世界有"它自己的规律"，追求单纯而精确的几何图形和鲜艳纯净的色彩，极少描摹自然界动物植物形象，更鲜少人物主题，显示出一种纯粹、克制、淳朴而精致的美。阿拉伯人习惯席地而坐，静态地欣赏美景，很少在庭院中信步游玩，所以伊斯兰庭

院空间布局比较简单，种植茂密，营造亲切而静谧的感受（如图3-35、图3-36所示）。

图3-35 古兰经里描述天园的景观：是由水乳酒蜜四条河流构成的水系滋养的庭院。这种想象与描述可能与伊斯兰国家大多干旱少雨，缺乏水资源有关

图3-36 西班牙伊斯兰园林是指今日西班牙境内，由摩尔人创造的、以伊斯兰风格为其特征的园林作品，又称摩尔式园林。典型的代表作是西班牙的阿尔罕布拉庭园

伊斯兰庭院具有非常纯粹的造园思想和形态特质，具有很强的识别性。最典型的特征就是由水、乳、酒、蜜四条河构成十字形的水系贯穿整个庭院，中央有一个喷泉，泉水由地下引来，流向四个方向。被水渠分割的四块花圃往往用下沉式植床种植精心修剪的树木和地毯式的花带，以此减少蒸发，节省十分珍贵的水源。从装饰特征来看彩色陶瓷马赛克图案得到广泛应用，衍生出千变万化的优美形式。伊斯兰风格的庭院受地域影响体现出不同特质，如西班牙的阿尔罕布拉庭园：桃金娘中庭、狮庭

图3-37 与泰姬陵相对的是印度国王为自己建造的黑色大理石陵墓，同样是典型的印度伊斯兰庭院风格，简约而庄重，与建筑相映衬

和格内拉里弗的花园设计体现了欧洲罗马风格的影响与融合，而印度的莫卧尔园林，以泰姬陵为代表，则展现了更为纯净和细腻的气质，如图3-37所示。

方角圆边水池

阿拉伯花园里最有特征的因素，由方形和圆形组合形成八个角的造型。象征着七层地狱之外的第八世界——天园，如图3-38所示。

图3-38　方角圆边水池是最典型的伊斯兰庭院元素，也影响到欧洲的庭院设计

3.8　多元嬗变——现当代风格

3.8.1　维多利亚风格

维多利亚风格是19世纪英国维多利亚女王在位期间（1837—1901年）形成的艺术复辟的风格，它重新诠释了古典的意义，扬弃机械理性的美学，在形式上糅杂了各种装饰元素，带有异国情调和宫廷气质。维多利亚风格的庭院设计喜欢种植名贵珍奇的外来草本植物，点缀以精巧的艺术小品或写实的雕塑，总体风格是华丽、繁琐、细腻，也常被批评为是矫揉造作的风格，如图3-39~图3-41所示。

图3-39　吸收了巴洛克造型艺术特点的维多利亚风格庭院

图3-40　维多利亚风格的庭院建筑也独具特色，植物材料，尤其是乔木的搭配显得具有戏剧场景般的效果

图3-41 居埃尔公园

3.8.2 新艺术运动风格

新艺术运动风格的庭院设计提倡简单朴实，在装饰上崇尚自然主义和东方艺术，反对华而不实的维多利亚风格。设计追求曲线风格特点，尤其是花卉图案和富有韵律的互相缠绕的曲线，具有优美浪漫的气质。典型的案例是高迪设计的巴塞罗那居埃尔公园，带有塑性建筑的灵动线条和装饰风格的绚烂马赛克镶嵌，如图3-42和图3-43所示。

3.8.3 现当代风格

1938年英国设计师唐纳德在《现代景观中的园林》提出了现代景观设计三要素：功能、移情和艺术，概括了现代主义庭院设计的风格特征。强调功能布局使得花园设计更为合理和方便；移情的理念源于对东方园林的理解，摆脱了古典园林中的对称形式，发展出流动空间等多视点的布局模式；受现代艺术影响，花园更加重视多重感官全方位的体验，分析平面、色彩、空间构成的规律，摒弃装饰性的图案和具象雕塑等，偏向于更为抽象、纯粹、简洁、本质的造型和色彩。典型代表作有阿尔瓦·阿尔托设计的玛丽亚花园别墅设计，托马斯·丘奇设计的"加州花园"等。这个阶段有很多建筑师从空间的角度重新审视花园庭院设计，例如，柯布西耶、莱特、格罗皮乌斯、路易斯·巴拉干等，并且，涌现了一大批职业的景观建筑师，如英国的唐纳德、杰里科、美

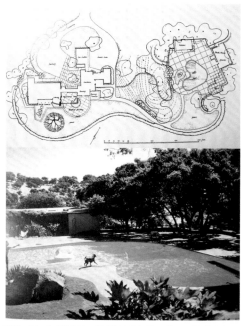

图3-42 加州花园：20世纪40年代，美国西海岸兴起的中产阶级私人花园风格。其特点是：带有露天木制平台、游泳池、不规则种植区域和动态自由平面。曲线的轮廓、肾形的水池、木材和石材的外墙装是其常用的语言。这是托马斯·丘奇设计的唐纳花园

图3-43 美国景观设计师玛莎·施沃茨设计的面包圈花园

国的奥姆斯特德、艾克博、丹·克雷、佐佐木英夫、劳伦斯·哈普林等。这一时期，景观建筑，包括庭院景观设计从庞大的建筑体系中独立出来，形成了新的专业与职业。

与现代主义建筑相似，现代主义风格的庭院根植于现代设计的三大构成理论的基础之上，融合绘画中立体派、抽象主义、大地艺术、表现主义和超现实主义等艺术领域的观念，呈现出前所未有的自由和创新，使得庭院不仅是经济生产和贵族享乐的场所，更是现代城市生活中人们表达自我的艺术创作形式之一，如图3-44所示。

图3-44 现代风格的庭院设计案例

3.8.4 概念花园

由于土地私有制和对理想居所的追求，花园设计是西方景观设计界一个永恒的活跃领域。事实上很多西方景观设计大师都从事过并钟爱庭院设计的项目。近年受到生态主义、解构主义思潮以及大地艺术、信息互动技术等影响，花园设计的理念呈现出多元的实验性质，被称作"概念花园"。越来越频繁的展会交流和世界竞赛等活动推动了概念花园理念的传播。概念花园的设计没有固定的模式，可以从一个具体的灵感出发，表达一个特定的主题或者观念。概念花园的设计和施工并不是针对实际的人的使用功能，而是把花园当作一种艺术创作，以装置、观念、影像甚至行为艺术的形式，表达景观设计师对自然与社会的理解，如图3-45所示。

图3-45 2001年法国卢瓦尔河畔举办的国际园展的作品"荒漠海洋"：由回收玻璃、麻绳及仙人掌类植物组成的庭院装置作品，令人联想到日本禅园和越南水上木偶戏

第4章
庭院构成元素

本章课程概述

　　以教师构建资料的框架，学生自行收集整理案例并且进行课堂讨论的方式，较为系统地学习和梳理庭院设计中各个相关要素的内容和特点，能够形成整体印象。教师应当引导学生利用笔记本的形式记录设计资料，在电脑中建立自己的设计素材资料库；学生应当培养收集和整理设计资料的能力和习惯。

本章教学目标

　　掌握庭院设计的各种主要素材，如植物、铺装、山石水体和庭院建筑等。学习收集和整理素材的方法。

本章教学重点

　　重点掌握植物材料、铺装材料、庭院山石、水体的基本形式和种类，庭院主要的构筑物。尝试分析设计案例中不同材料如何选择和应用。

4.1 植物材料

4.1.1 庭院植物配置的基本知识

1. 庭院植物的美学要素

（1）植物的总体视觉要素

线条——植物的干和枝构成其主要的形态特征，定义了植物的个性。秋冬是观赏落叶植物的线条的最佳时机。仔细观察和理解植物的生长规律有助于确定植物生长后的最终形态。垂直线条引导视线上下方向移动，水平线条引导视线左右移动。美妙的弧线或不对称的枝条往往带来令人惊叹的效果，如图4-1所示。

图4-1　一些枝干或茎部肌理形态特别的植物具有雕塑感，成为主景观

形态——植物的形态可以简化为简单的几何形。生长的规律决定了形态特征，如图4-2所示。

组团——单体植物成群落种植，其线条与形态构成组团的特质。组团的设计需考虑不同的比例和尺寸大小，如图4-3所示。

肌理——肌理是所有设计特点中最易变的。从触觉到视觉，给人粗糙、坚硬或光滑、细腻等感受。在景观中，肌理是植物表面质感以及植物从一定距离

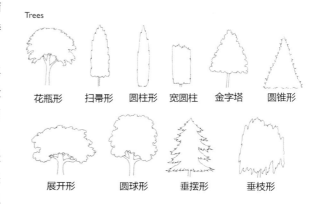

图4-2　主要的乔木树形态

观看体现的尺度大小综合作用的结果。阔叶植物叶片会反光，在阳光处显得轻快而通透，而针叶植物外形较稳定，可以作为固定的屏障遮挡风和视线。

单体植物的肌理主要可以分为三大类，一是粗质树：通常观赏价值高，容易成为视觉焦点，可以拉近视距，给人感觉空间比实际的要小和紧凑、热闹、温暖。例如，碧桃、海棠等观花灌木或美人蕉、棕榈等观叶观干植物。二是中质树：通常透光性较差，轮廓较明显，也是最庭院造景基本的构成主体，例如，国槐、白蜡、栾树等大部分乔木。三是细质树：形态纤细、优雅、细腻，可以起到拉远视距、扩大空间的作用，适宜作植物造景的背景。如

图4-3　单一植物或者多种植物构成组团造景

杭州西湖的柳浪闻莺景区，就是以三月萌绿的杨柳勾勒水岸的轮廓，衬托粉嫩娇艳的桃花而得景，颐和园西堤模仿西湖和瘦西湖的堤岸植物造景手法，如图4-4所示。

（2）植物的色彩

植物色彩不仅是千差万别，而且是千变万化。不仅植物的花、叶、茎的固有色种类繁多，而且在不同的季节、月份，甚至是天气晴朗或阴霾的环境下，都会产生不同的视觉效果。因此，植物的色彩搭配远比绘画要复杂，设计师必须考虑整个庭院春夏秋冬四季色彩的变化，哪些植物表现稳定而哪些植物的美丽只是昙花一现。简单地说，设计师在了解植物材料的色彩时应当思考三个基本方面：一是植物物理色彩（固有色）的和谐搭配，二是植物色彩的情感表达，三是色彩在自然因素影响下的变化。可以先牢记一些植物色彩的基本规律，例如，深色或暖色的植物会拉近空间距离，而浅色或冷色的植物则与之相反；一般而言，深色植物作背景，浅色植物做前景；晴朗的天气下植物色彩尤其鲜艳而阴天时即使月季也会显得暗淡；在花园中白色的植物最为醒目；挑选植物材料的色彩时应重点考虑植物的夏季、冬季颜色；应仔细推敲特殊色彩的植物，一般作为主景，或成群落的种植，如图4-5所示。

（3）植物的环境功能

首先，在庭院环境中，植物就如同建筑中的砖瓦土木，是建造空间的主要材料，而不仅仅是点缀建筑物的配角。尝试想象一下把一棵浓密的法国梧桐或小叶榕当作可以透光的屋顶，用阳光下闪闪发光的紫杉或黄杨修剪成一道延绵不断看不到尽头的围墙，把镶嵌着紫色二月兰的绿色草甸当作地毯，而山桃那横向舒展的枝干是你向外张望的窗口……一个完美的庭院正是用这些自然的礼物在不经意间，不假修饰地给我们美的体验，如图4-6所示。

具体说来，植物在空间环境中的美学功能主要体现在：

完善作用——重现，延续建筑物的轮廓。或者在视觉上将不同的因素协调统一起来，如种植较高的草本植物作为建筑与草地之间的过渡。

图4-4　颐和园西堤模仿西湖和瘦西湖的堤岸植物造景手法

图4-5　美国美术馆东馆的庭院设计以粉色的玉兰为主题

图4-6　植物构建的空间

强调作用——突出场所的出入口，交叉点等，引导人们的行走路线。

识别作用——用特殊的植物为地贴上"标签"，使场地具有可识别性。

框景作用——使优美的景物更加突出。

其次，植物在改善生态环境方面所起到的作用也是无可替代的。庭院美的前提是风和日丽：微环境好了，才能风和，空气清新了，能见度高，才能日丽。例如，木本植物的根系能够固持水土，使庭院中的小丘陵不至于因为雨水的冲刷而坍塌；质密的圆柏或新疆杨可以阻挡来自西北的寒冷冬季风；池塘边的菖蒲和萱草给青蛙鱼虫等提供栖息繁殖的场所；许多植物的芽叶、花粉能分泌出杀死传染性细菌真菌的物质等。庭院植物的好处可以列举如下：调节气温，缓解城市中的热岛效应；可以制造氧气、增加空气湿度、吸收噪音、吸收二氧化碳等有毒气体、减少电磁辐射、净化水体和土壤等。不当的植物配置可能引起外来物种大量侵害本土植物，恶化生态环境。

2. 庭院种植设计的一般原则

第一，庭院的使用功能和私密性较强，种植应与庭院的晾晒、停车、视线遮挡、防卫等功能结合考虑。例如，有的乔木会分泌树胶，掉落在汽车或人的身上很难清洗；一层建筑物的窗前可以种植比较疏朗的灌木，既不遮挡阳光，又形成一定的距离和私密感；在庭院的周边种植带刺的侧柏高篱可以有效地阻止外人随意进入等，如图4-7～图4-9所示。

图4-7　用植物延续建筑围墙图　　图4-8　粉色的桃花与粉色沙石铺地非常　　图4-9　用植物框景，同时引导人的
　　　　　　　　　　　　　　　　　　　　　　　醒目　　　　　　　　　　　　　　　　　进行

第二，尽量使用本地的乡土树种和植被，减少维护，易于存活。速生和慢生、常绿和落叶的树种相结合。想要尽快形成稳定的植物群落并且出效果，可以以速生植物的种植为主，适当密植，在一定时期予以移栽。

第三，种植应有层次。乔木、灌木和地被植物搭配种植，形成可以自我循环更新的小生态环境，使二维绿量达到最大化，提高单位面积的生态效益。一般而言，乔木、灌木的种植面积控制在70%，非林下的草坪、地被面积在30%左右，且常绿乔木和落叶乔木种植数量的比例在1:3～1:4。冠大荫浓的乔木下主要选择耐阴的地被植物，如沿阶草、大小麦冬、洒金珊瑚、狭叶十大功劳等。

第四，应考虑季相的变化，充分了解和利用植物的色、香、姿、韵等特色。巧妙的植物配植能在四季都体现出不同的美感，并且做到四季有花，冬夏有果，无时不绿，景色宜人。如春季，迎春、连翘、玉兰、桃花、樱花、牡丹、海棠等先后开放，赏花观色，花香四溢；夏季丁香、紫薇、木槿花团锦簇，乔木绿荫浓浓，鸢尾睡莲等水生植物暗香浮动，正是赏花观叶的好时节；秋季银杏、黄栌、枫树、槭树的红叶浓妆淡抹，瓜果成熟挂枝，给人幸福温暖的感受；而冬季松柏不畏严寒，腊梅傲雪回春，红瑞木在雪中更显娇艳，也别有一番情趣。不同的植物也有不同的观赏特性，如银杏、槭树等观叶；牡丹、月季、碧桃等观花；桂花、丁香等散发芬芳；垂柳、油松、云杉等姿容优美；山楂、柿子树等果实可爱诱人。因此，想创造一个美好的庭院必须认真地与每一种植物交朋友，要深入地、长期地了解，而不是只看到它最美的一面而一见钟情，使它成为庭院里花瓶般的摆设，最后发现其实大家真的不合适，如图4-10所示。

图4-10　清宫廷院画十二月令图之四月：正是玉兰与牡丹的季节

4.1.2　植物材料的类型（参见附录）

植物按照性状可以分为四大类：乔木、灌木、藤本和草本植物。（注意：这并不是植物学的分类，而仅是从形态上对植物进行简单区分。本书主要讨论中国北京、河北周边地区的植物材料。）乔木和灌木都是木本植物，植物体的木质部分比较发达，一般比较坚硬；藤本植物有木质和草质之分；而草本是植物的木质部分，茎柔软，寿命较短。

1.　乔木（Tree）

乔木是指树身高大的树木，有根部发生独立的主干，树干和树冠有明显区分。有一个直立主干、且高达6米以上的木本植物称为乔木。依其高度而分为伟乔（31m以上）、大乔（21～30m）、中乔（11～20m）、小乔（6～10m）四级。乔木给观赏者以强烈的视觉冲击，又往往成为植物景观的结构主体，乔木的形态及观赏特性会影响景观的风格。适合孤植、列植，作为行道树、风景林、防护树，可以与灌木、草本配植，如图4-11所示。

图4-11　乔木往往是庭院空间中的骨架，决定了整个环境的气质特色，高大乔木构成空间的顶棚，有时你都不会注意它的存在

落叶乔木——在一年中有一段时间叶片将完全脱落的乔木。当气候较冷或干旱及缺水情况时致使植物生长停止，叶全部脱落，于翌年再长出嫩叶。一般的被子植物门中除热带植物外多是落叶乔木。

落叶针叶乔木：华北落叶松、水杉等。

落叶阔叶乔木：银杏、玉兰、二乔玉兰、鹅掌楸、悬铃木、杜仲、榆树、桑、构树、胡桃、枫杨、栎树、白桦、椴树、梧桐、毛白杨、加杨、旱柳、桃、梅、杏、李、海棠、柿树、合欢、刺槐、白蜡、泡桐等。

常绿乔木——指的是一种全年保持叶片的植物，叶子可以在枝干上存在12个月或更多时间。松柏门多是常绿植物。

常绿针叶乔木：辽东冷杉、红皮云杉、青杆、白杆、雪松、油松、樟子松、白皮松、乔松、侧柏、圆柏、苏铁、罗汉松等。常绿阔叶乔木有：广玉兰、白兰，樟树、榕树、女贞、桂花等。

2. 灌木（Shrub）

灌木指没有明显主干的木本植物，常由基部分枝，呈丛生状，高度在5m以下。小灌木（undershrub）指高度1m以下的低矮灌木，如连翘。亚灌木（subshrub）是指高度在1米以下的低矮灌木，茎基部木质化，多年生，而上部枝草质，并于花后或冬季枯萎。灌木在庭院植物景观中构建人视觉体验的主要部分，和景墙等构筑物起到分割空间、遮挡视线等作用，可作为五彩缤纷的草本花卉的背景植物；可修剪造型做绿篱或屏障；宜孤植、丛植，作为花坛、花镜、花台或地被，如图4-12所示。

图4-12 碧桃、海棠等花灌木往往是植物景观的视觉中心

常绿针叶灌木主要有：铺地柏、沙地柏、翠兰柏、粗榧、矮紫杉等。

常绿阔叶灌木主要有：含笑、南天竹、叶子花、山茶、杜鹃、冬青卫矛、黄杨、变叶木、夹竹桃、女贞、子夜小檗等。

常用来做绿篱的耐修剪灌木有：侧柏、紫杉、大、小叶黄杨、紫叶小檗、金叶女贞等，天目琼花常用来做不完全遮挡视线的疏篱。

落叶灌木主要有：木槿、柽柳、鸡爪槭、黄栌、石榴、紫薇、火炬树、丁香、金银木、接骨木、腊梅、绣线菊、珍珠梅、黄刺玫、棣棠、平枝栒子，贴梗海棠、紫荆、连翘等，如图4-13所示。

3. 藤本（Liane）

藤本植物是指植物体细而长，不能直立，只能依附其他物体，缠绕或攀援向上生长的植物。根据质地可以分为木质藤本和草质藤本。前者如葡萄、猕猴桃等，后者如绿萝等。根据生长的特点可以分为攀缘性、缠绕性、匍匐性和蔓性灌木等。

攀缘性藤本，如瓜类、薜荔、地锦等，具有卷须或不定气根，能卷缠他物生长。缠绕性藤本，如牵牛花、忍冬等，其茎能缠绕他物生长。葡萄性藤本，如马鞍藤等，茎蔓可以横卧地面生长，与地面接触之处易发根。蔓性灌木类，如九重葛、茉莉花等，植物原为灌木，但枝条伸长后呈半蔓性或藤蔓状，可独立生长或依附他物生长。多数藤本植物需要与廊架的设计结合，若没有支撑物，藤本植物会长成灌木。

图4-13　左：屋顶花园中种植乔木较困难，灌木是首选。右：绿篱常常起到围墙的作用

　　藤本植物主要应用于垂直绿化。也常用于花廊、格架、篱墙等形成阴凉空间；可以匍匐护坡，进行屋顶绿化，还可以模拟自然群落结构做地被。常见的藤本植物有常春藤、金银花、藤本月季、紫藤、葡萄、爬山虎、五叶地锦、凌霄等，如图4-14所示。

4．草本（Herb）

草本花卉是植物体的木质部，不发达，茎柔软，通常于开花结果后枯死。一般按照植物外形构造和生命特征分类如下：

一年生花卉：生命周期在一个生长季内完成，种子当年发芽开花结果后枯死。

二年生花卉：生命周期在两年内完成，当年萌发，次年开花结果后枯死。

多年生草本花卉：生命周期在三年

图4-14　藤本植物可以构建空间，装饰墙体和建筑

或者更长时间，其地上部分当年开花结果后枯死而地下部分则多年生，如图4-15所示。一般花期较短，大部分的草药和蔬菜等经济作物都是草本。

（1）宿根花卉

植株地下部分宿存越冬而不形成肥大的球状或块状根，次春仍可开花并延续多年的花卉。如大花飞燕草、芍药、紫花地丁、四季秋海棠、落新妇、天竺葵、菊花、万年青、玉簪、大花萱草鸢尾、马蔺等。

（2）球根花卉

指植株地下根、茎或叶的一部分发生变态、膨大并贮藏大量养分的一类多年生草本植物。球根花卉抗性较其他灌木、草本地被要弱，需水量大，养护较困难，多年栽培后易退化，大多花型艳丽，观赏性强。如大丽花、马蹄莲、石蒜、君子兰、水仙、郁金香、百合、唐菖蒲等。

（3）水生花卉

水生植物在其生命全部或大部分的时间里，都生活在水中，并能够顺利繁殖下一代。水生植物大多喜光怕风，不仅可以装饰水景，还可以净化水质，保持良好的生态平衡。根据其习性可以分成挺水型、浮水型、沉水型三类。

图4-15　草本植物需要较多的养护

挺水型植物高大，花色艳丽，绝大多数有茎叶之分，茎叶大部分挺立在水面以上，如荷花、黄菖蒲、芦苇等。

浮水型植物根状茎发达，无明显的地上茎或茎细弱不能直立，根部生于泥中，花或叶悬浮于水面上，如睡莲、荇菜等。

沉水型植物整个植株沉于水中，全部细胞进行光合作用，如金鱼藻类。

岩生花卉：生长在岩石缝隙间及岩石上的植物。其特点是喜旱、耐旱、可以在瘠薄的土壤生长，株体低矮，生长缓慢，生长期长。如八宝景天，垂盆草，虎儿草，宿根亚麻等。现代的植物园往往不按植物的生物学属性进行分类，而是按照植物的生长特点或观赏特点分类，如上海辰山植物园里的岩生植物园。

5. 其他植物

棕榈科——主要分布于热带地区，树干不分枝，具大型掌状或羽状叶片。如蒲葵、棕榈、椰子、槟榔、散尾葵等。

竹类——分布广泛，是高大乔木状禾草类植物的通称。主要有紫竹，毛竹、刚竹、方竹、早园竹等，需要种植在背风向阳的地方，多丛生。

沙生多浆植物——具有肥厚多汁的肉质茎、叶或根，也叫多肉植物。它们造型奇特，耐旱能力极强，雨季大量吸收水分和营养。如百合科的芦荟、大戟科、景天科、仙人掌科、夹竹桃科的大部分植物、蟹爪兰、观音莲等。

观赏草——英文为Ornamental Grasses，指具有观赏价值的单子叶多年生草本。如结缕草、狼尾草、草地早熟禾、野牛草等。

蕨类植物——最原始的维管植物，有根，茎叶而无花，大多为草本，少数木本。如铁线蕨、荚果蕨等。

4.1.3 瓜果蔬菜——可以收获的庭院植物

1. 果树

庭院常用的果树根据其形态特征，可以分为乔木果树、小果类果树、矮化果树、盆栽果树四类。乔木果树占地较大，通常姿态优美，开花挂果时别有趣味，适合孤植，作为庭院的主景或庇荫树种。相比较于普通的乔木，果树需要更多的施肥浇水，整形修剪，防治虫病等管理和照料。其他三类果树体量较小，可与其他观赏植物搭配，非常适合面积空间有限的庭院。

果树一般都需要良好的光照和温度、通风，应当尽量选择光照充足、空气流畅且避风的场地。如果庭院有较大的地形变化，果树应种植在较高处，因为冷空间容易汇集在低谷。果树也要求肥沃和排水良好的沙壤土。简易的判断办法是：在庭院挖约直径70cm，深1m左右的洞穴，灌满水。如果5天之内积水排光，说明排水性适合栽种果树。理想的果树苗木是根系良好，带土的，嫁接好的，一年左右的苗，大苗是较难成活的。常见的庭院果树见下表。

名称	种类	特点	种植要求
苹果（malus pumila）	金帅、富士、国光等。	温带果树，常用海棠嫁接、授粉。栽培要求比较精细。	较冷而干燥的气候，长江以北，年均温度8~14°地区。
梨（pyrus spp）	白梨、鸭梨、酥梨、雪花梨、苹果梨等。	蔷薇科梨属，易栽培、适应性强、高产稳定。需异花授粉。	东北、华北、长江流域地区。喜光。
桃（prunus persica）	品种极多，雨花露、朝霞、酒保等。黄桃专门做罐装。	树体小，易栽培管理，高产。花色丰富，生长快。需嫁接。	冷凉温和气候，极喜光，耐旱忌涝，需沙质土壤。
杏（prunus armeniaca）	兰州杏、水晶杏等。	适应性强，栽培要求低，结果早，寿命长。	华北及西北地区。耐寒喜光，耐盐碱。
梅（aemeniaca mume）	果梅，花梅。	中国特产果树，以观赏花梅为主。	喜温暖潮湿气候，长江以南地区适宜。怕涝，需排水良好的土壤。
李（prunus cerasifera ehrh）	红叶李、樵李、玉皇李等。	蔷薇科李属，中国传统果树。	喜光耐寒，肥沃湿润黏质土壤为佳，不耐干旱瘠薄。
樱桃	中国樱桃、甜樱桃等。	姿态优美，果实味美有芳香。养护较精细，需授粉。	喜光，需深厚、肥沃、排水良好的沙质土壤。长江流域，华北及山东、东北南部。
柑橘	橙、柚、柠檬、金橘等。	芸香棵，四季常青，枝叶茂密，观赏价值高。	主要在南方栽培，喜温暖湿润的气候环境，较耐阴。
柿（diospyros kaki）	涩柿、甜柿两大类。	树形优美、叶大荫浓，果实富有喜感。易于栽培。	南方，北方均可栽培，集中于黄河流域。对土壤要求不严。
枣（zizyphus jujuba）	金丝小枣、冬枣、无核枣等。	中国传统树种，适应性强，易管理，寿命长。	分布很广，东北南部至华南地区。强阳性树种，耐干燥寒冷。怕湿热环境。

续表

名称	种类	特点	种植要求
无花果（ficuscarica）	卵圆黄，小果黄，英国红等。	桑科，原产地中海，外观只见果不见花。容易管理，病虫害少。	喜光，喜温暖湿润环境。耐旱，对土壤要求不严。
石榴（punica granatum）	玉石籽、玛瑙子、胭脂红等。	中国传统庭院果树，喻"多子多孙"。树姿优美，枝叶秀丽。	长江以南以北，黄河流域。土壤不可过于黏结。
山楂（crataegus pinnatifida）	品种很多。	蔷薇科，原产我国。姿态优美，欣赏价值很高。	适应性强，北方地区适宜。耐寒抗风耐半阴。
核桃（juglans mandshurica maxim）	山核桃、核桃楸。	胡桃科，落叶乔木。适合做庭院的庇荫树木。	适应性强，长江流域及华北地区多有种植。要求土质肥润，排水良好。
草莓（strawberry）	红衣、诺斌卡、春香、紫晶等。	多年生草本或藤本，浆果，易繁殖，不需长期固定园地，可在花坛容器中栽培，高产，非常适合家庭种植。	在南方温暖湿润地区无明显休眠，北方冬季被迫休眠，最好在暖房或大棚内种植。
葡萄（vitis spp）	巨峰、玫瑰香、白香蕉、早红等。	多年生藤本，适应性强，产量高、寿命长。与花架结合形成庇荫的亭、廊。	南北方，各种土壤均可栽培，以肥沃的沙壤土为佳。需认真的整形修剪。
猕猴桃（actinidia chinensis）	中华猕猴桃、新西兰培育的艾伯特、蒙蒂等。	原产我国。猕猴桃科，多年生藤本。开白花，后转为黄色。有浓郁芳香。	对土壤要求不严。喜温喜湿，抗病虫害能力较强。

另外，经过矮化和控制根系等技术措施，有些果木也适合盆栽，增加了庭院植物设计与布局的灵活性。它们主要有：葡萄、柠檬、金橘、石榴、山楂、柿子、梨、桃等。

2. 蔬菜

在庭院中种菜是很多人的向往和乐趣。即使是空间十分局促，仅有十几平方米的土地，也可以在精心安排下建造花园与菜地结合的有趣景观。例如，番茄可以与构架结合设计成灌木丛，菊花脑可以用做地被的设计弥补庭院中的小空间。近年来观赏蔬菜以及水栽培、无土栽培的技术成为研究的热点，给庭院的设计带来更多拓展空间，如图4-16所示。在规划庭院中的菜地时，应注意：尽量采取南北走向，采光良好，并且有小块的空地来堆积肥料。一

图4-16 使用无土栽培的可以移动的花盒

般而言，根、茎、叶类蔬菜比较容易生长，果菜类对环境条件和技术的要求较高。种植蔬菜不同阶段的主要工作是：

1. 播种育苗阶段。可以直接从市场购买菜苗或者自己育苗。需准备约10cm高的，底部漏水的花盆，装入培养土（培养土配制：2份消毒的园土，1份泥炭沼和一份粗沙）。种子要经过消毒、浸泡和催芽的处理。可以将种子浸泡在3%的食盐水中数分钟，取沉在下面的种子，清洗干燥后用纱布包好放在温暖处催芽。播种时要注意覆土轻薄，小粒的种子1厘米左右的土层即可。

2. 栽植阶段。庭院中的土壤要进行深翻，最好能达到30cm左右。然后根据采光和排水的情况整畦或垄，施入充分腐熟的有机肥，把幼苗载入土中，浇水或施一些浓度较低的肥料，如氮、磷、钾按0.1%：0.2%：1%混合的稀无机肥。

3. 管理阶段。种植蔬菜主要的工作是施肥、浇水与排水、松土、除草与培土、还有植株调整等，是非常细致和繁琐的管理工作。适合庭院种植的常见主要蔬菜见下表。

名称	主要特点	种植要求
大白菜	高产蔬菜，便于储存。	华北地区立秋前后播种，大雪前收获。株行距一般是50厘米×50厘米。
萝卜	栽培容易，产量大。	对土壤适应性强，但土层要厚。胡萝卜更耐贮运。
马铃薯（土豆）	含大量淀粉，营养全面，可作为粮食。	北方在4月播种，8~9月左右收获。
韭菜	春季蔬菜，一年可以多次收割，耐寒怕热。	一般多采用播种法，可以盆栽。
葱	四季均可种植，是重要的调味配料蔬菜。	忌连作，需实行3年以上的轮作。需要肥沃疏松的中性或微碱性土壤。
蒜	幼苗、花茎和鳞茎都可食用。	忌连作，用蒜瓣播种，宜浅，要及时收获蒜薹。
洋葱	耐存储，是可调节蔬菜淡季的供应品种。	需肥沃、疏松的中性土壤。
卷心菜	又名圆白菜、结球甘蓝。适应性强，抗旱耐碱。	种植环境要求与大白菜类似，可3季栽培。有些华南地区作为城市绿化使用。
花椰菜	营养价值高，美味。	喜温暖湿润，忌炎热干燥。
菠菜	藜科一二年生草本，营养丰富。	可种在带容器中，夜间气温低于−5℃时移入室内。
莴苣	叶用莴苣是生菜；茎用莴苣是莴笋，即青笋。	南北方均可种植，可越冬。
芹菜	有青芹、白芹和洋芹菜几种。	要求冷凉气候，但冬季需保护。适合种植于林下的空闲土地。
苋菜	一年生草本，有绿苋、红苋和彩苋几种。	喜温暖湿润气候，长江以南栽培较多。
茼蒿	菊科一年生草本。	喜冷凉环境，湿润的沙壤土较适宜。采收后需浇水追肥，直到开花。

续表

名称	主要特点	种植要求
芫荽	即香菜,伞形科一、二年生草本。	生长期短,约2个月即可收割。
荠菜	我国特有野菜,营养价值高,味道好。	可在垄间空地散播种植,春秋栽种均可,生长周期约3个月。开花后不可食用。
番茄	西红柿。爬藤类的茄果。	喜温暖,不耐霜寒。不可与茄子、辣椒、马铃薯等连作。
茄子	产量高,适应性强。	喜温暖,不耐霜寒。不可与辣椒、马铃薯、番茄等连作。
辣椒	品种很多,适应性强,广泛栽种。	广泛栽种,喜温,较耐旱。可盆栽。
扁豆	豆科一年生草本。观赏性强。可搭棚架爬藤。	喜温暖湿润,耐热怕冷。根系发达,耐旱力强。喜排水性好的沙壤土。
四季豆	即菜豆,蔓生品种可爬藤。	生长周期约2个月,可以连续收割约1个月。
毛豆	大豆,营养丰富,味道鲜美。	一般是3月育苗,7～9月是旺季。
丝瓜	一年生草本攀援植物。开金黄色大花。	对温度要求较高,喜潮湿肥沃的土壤。是最为常见的庭院棚架植物。
黄瓜	一年生草本蔓生攀援植物。品种非常丰富。	喜光、喜温、喜湿,要求富含有机质的肥沃土壤。需棚架种植。
金针菜	是百合科萱草属中萱草、黄花菜的总称。多年生草本。	可用于花坛、花镜、草坪处栽培,适合观赏。

4.2 铺装材料

4.2.1 庭院铺装设计总体原则

广义来说,铺地包括"硬质"和"软质"铺装。硬质铺地指使用硬质材料如水泥、木材等进行铺设的地面,其特点由所使用的材料、使用的方式以及如何与其他要素搭配组合所决定的。软质铺装指以柔软的材料主要是植物、木屑等来铺设的地面,在环境中主要起到"缝合"的作用。本节主要讨论硬质铺装。

(1)人性化的设计

满足人体工学的要求,力求做到通用性的设计,包括防滑、透水、行走的舒适程度、触感、弹性等。庭院中大部分的铺地是人行的。在人们经常通过的主要交通路线上,尤其是坡道、踏步的地方,要安装防滑条或者凿打出防滑凹缝。很多石材做拉道、喷涂或腐蚀的效果,除了美观外,也有防滑的目的,如图4-17所示。不同材料的铺装会影响人的行走速度,也就是通过性的优劣。例如,在庭院中景观优美,需要人细细品味的地方,可以用卵石木屑等铺地,使人的行走速度减慢,稍作停留以改换心境,如图4-18所示。庭院中的铺地也要考虑到人的触感。例如,木板会有弹性,塑胶适合运动,仔细拼接的鹅卵石地面可以按摩人的脚掌,起到保健的作用。

图4-17 将普通花岗岩打凿出浅洞，是非常简易经济的防滑处理办法

图4-18 丽江某客栈庭院铺地，卵石的质感能很好地与植物衔接，突出休闲气氛

（2）审美及设计心理

包括铺装的色彩、肌理、图案、尺度等。铺装区域作为背景，应低调处理。一般来说，庭院设计中两种或三种的材料进行搭配效果较好，并以其中一种作为主导。铺装设计也可以引导行进方向，例如，不同图案的铺装可以给使用者不同的导向性暗示，并形成韵律感。在开敞的区域设计两种色彩的铺装，可以在视觉上划分空间。铺装本身也是构成地面视觉效果的基本元素，古典的欧式庭院中常用铺装表现有意义的图形，如图4-19所示。

图4-19 地面铺装表现一个巨大的方位罗盘，中间花岗岩的水球可以在轻微的碰触下滚动

（3）提升环境的生态质量

铺装设计与排水问题密切相关。用不透水的材料如花岗岩做铺地，下雨时的雨水会蒸发或汇成地表径流直接流入排水系统中，不能补充到地下水中去，也不能改善土壤的湿度，形成生态的"热岛效应"。树木及其他植物周边如果使用不透气、不透水的硬质材料，会严重影响其生长甚至导致其死亡，如图4-20所示。

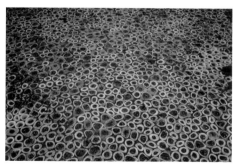

图4-20 用竹子的剖面结合小粒径的骨料混合的地面，既有较好的承载性，也能透气透水，缓解地表径流

4.2.2 庭院铺装材料的类型

景观铺装材料大体可以分为整体铺装、板块铺装、砌块铺装及碎料铺装四大类。整体铺装主要是指沥青表面处理后的铺装，或草皮、塑胶卷材等。板块铺装主要是指大块的预制混凝土拼接，单块最小边的尺寸通常大于1m。砌块铺装主要是由各种边长60cm以下的块状材料铺砌而成，是庭院最常见的铺装形式。碎料铺装用碎石、瓦片、卵石等拼砌而成，在庭院中也很常用，如中国传统园林中的花街铺地。具体来说，庭院常见的硬质铺地材料主要有如下几种。

1. 混凝土

庭院铺装中主要指混凝土砖，是最为廉价耐用的材料而得到广泛的应用。混凝土种类繁多，如沥青混凝土砖、现浇混凝土砌块、预制混凝土砖等。经过改进，很多混凝土砖可以很好地透水，也可以做成各种色彩和表面的印花效果，如图4-21和图4-22所示。

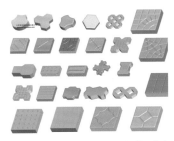

图4-21 我们常见的城市人行道和停车场等场地大量应用廉价的混凝土砖。表面的图案是由塑料模具压制出来的

图4-22 比较朴素的和彩色的混凝土砖体现出不同的风格气氛

有些预制混凝土砖块的质感不逊于石灰石，还可以加工成各种图案，而造价却便宜很多，因此有着非常广阔的应用前景。如文化石外表呈现石材效果，其实是硅酸盐水泥预制的产品用模具铸造，并可以惟妙惟肖地模拟天然石材的颜色和纹理，能够提供一些特殊的配件，如转角和顶盖等，如图4-23所示。

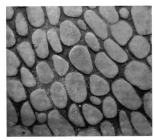

图4-23 各种图案和纹理的混凝土砖

2. 砖（黏土砖、陶瓷砖等）

砖是人类建筑史上最为古老、美丽和常用的材料，具有独特的吸引力，也是景观设计师的心头好。这是因为，砖的主要原料——黏土和页岩是地球表面的沉积物，能够鲜明地体现地方特色，有着丰富的纹理、样式、色彩变化，给设计师极大的创造空间，并且其风格随着时间而变化，永远不会过时。

值得注意的是，建筑用砖和铺装用砖有着重要的区别。铺装用砖会受到积水积雪结冰霜冻以及除雪剂等化学物质的侵蚀，还要承受强大的荷载，所以需要具有高强度，高密度和更为防水的特性。所以，从旧的建筑上拆卸下来的砖是不可以用作景观铺地来使用的。

庭院铺地的砖砖按照构成材料主要分为黏土砖和陶瓷砖。其中，黏土砖主要有烧结砖与风干砖两大类。它们的主要成分都是黏土和粉碎页岩，主要不同之处在于是否经过砖窑高温烧制的过程。烧制过程中原材料经历了玻璃化（vitrification）过程，大大提高了材料的强度和耐水性。而风干砖只是将黏土进行了简单的干燥和硬化，目前较少使用。目前比较常用的是烧结釉面砖，可以处理成各种纹理和质感，如金属、石材、木板、铁锈板、马赛克等。

黏土砖与陶瓷砖的主要区别在于黏土的成分比例。陶砖包括了更高比例的纯黏土，可以制作成色泽和图案更加具有装饰性的模压砖块。虽然瓷砖质感强、色彩、纹理丰富但是价格较高，在严寒气候下容易迸裂，不宜大面积整体使用（如图4-24、图4-25所示）。另外，烧结砖按照内部是否有空洞，可以分为多孔砖和实心砖。在砌筑花台、景观围墙时，通常使用多孔砖。多孔砖的空洞能嵌入砂浆，使构筑更为牢固，同时也节省原料、减轻重量。但是，景观铺装是不可以使用多孔砖的，如图4-26所示。

图4-24　用青花瓷做庭院的铺地在明清江南园林就有所应用

图4-25　釉面砖具有很强的装饰性，可以模仿金属、木纹、石材等多种效果

图4-26　手绘釉面砖作为庭院地面的点缀很精彩；手工烧制的马赛克也是北非及地中海风格庭院的必要元素

3. 石材

石材可谓是园林材料中的贵族。它们坚固耐用，荷载力强，色泽纹理美丽自然，是任何人造材料所无法比拟的。但是石材造价昂贵，透水性差，选择时也应谨慎。

花岗岩：火成岩的一种，在地壳上分布最广，是岩浆在地壳深处逐渐冷却凝结成的结晶岩体，主要成分是石英、长石和云母。质地坚硬，色泽美丽，如图4-27所示。

大理石：大理石是地壳中原有的岩石经过地壳内高温高压作用形成的变质岩。相对花岗岩质地较软，花纹更加明显，类似中国的山水画。但是含有杂质，容易风化侵蚀，造价昂贵，在室内外过渡空间或做拼花时使用。白色大理石在中国称为汉白玉，如图4-28所示。

砂岩：由石英颗粒（沙子）形成，结构稳定，通常呈淡褐色或红色，主要含硅、钙、黏土和氧化铁。砂岩是一种沉积岩，主要由砂粒胶结而成的，其中砂里粒含量要大于50%。由于质地较软，通常做雕刻装饰镶嵌。约克郡砂岩有着柔和的颜色和特殊的质地，成为最流行的铺地材料之一，那些碎裂纹理的表面处理，有一种岁月久远的高贵效果，并具有现代感，尽管价格不菲却颇受欢迎。现在很多砂岩材料的表面经过人工处理，可以有多种色彩和纹理效果供选择，如仿造木纹的效果等，如图4-29所示。手绘釉面砖作为庭院地面的点缀很精彩；手工烧制的马赛克也是北非及地中海风格庭院的必要元素。

板岩：是具有板状结构，基本没有重结晶的岩石，是一种变质岩，其颜色随其所含有的杂质不同而变化。在庭院设计中常作为地面分割带，或挡土墙的表皮（如图4-30所示）。

图4-27　花岗岩碎拼是很常见的园路做法，以水泥固定

图4-28　大理石地面拼花是意大利风格庭院的常见元素

图4-29　砂岩质地柔软，适合雕刻

图4-30　板岩可以设计出特殊的效果

4. 木板

东方建筑和园林对木材是高度依赖的，并且发展出非常成熟的技术。总的来说，橡木、枫木和樱桃木等硬木更适合用作家具或梁柱等结实耐久的物件，也更为珍贵；户外景观环境中常用的是松木、冷杉、云杉、樟木等软木。水是引发木材腐烂的重要因素，用于户外的木材必须做防水处理，并与容易积水的地面保持距离。木板地面给人强烈的亲近感，易于加工，但是其耐久性很差，需要频繁的维护和更换。根据木材的制作和处理方式，主要有防腐木、碳化木、塑化木。防腐木是采用防腐剂渗透并固化木材以后使木材具有防止腐朽菌腐朽功能、生物侵害

功能的木材。炭化木在缺氧的环境中，经180～250℃温度热处理而获得的具有尺寸稳定、耐腐等性能改善的木材。塑化木是一种塑料与木材的复合材料，具有质重、机械强度高、耐磨、耐用等特点。近年有广泛应用的趋势，如图4-31所示。

图4-31　庭院中使用木材铺装需要架空地面10cm左右，以防积水的腐蚀

5. 玻璃

玻璃作为庭院中增加趣味的元素，也经常作为点缀应用。10mm以上厚度的钢化玻璃能够很好地符合人的行走等活动，其透明的特性可以产生许多有趣的设计创意。玻璃锦砖，即马赛克也可以用在庭院铺地中，其强度、耐磨性都不错，效果也比较突出。各种颜色的玻璃砖有透光效果，结合照明有很强的装饰性。玻璃颗粒常常用作装饰性的填充或镶嵌，其反射和折射光的效果丰富，表面流水或干涩时效果区别很大，趣味性比较强。玻璃铺地的缺点是透水性差，不耐压，不适合大面积使用，如图4-32所示。

图4-32　玻璃砖可以结合地灯照明创造浪漫效果，玻璃骨料可以作为种植池的填充材料

6. 金属

金属的饰面经久耐用，不需特别维护，造型的效果也比较硬朗清晰。金属格栅可作为排水和种植的边界围挡，缺点是导热性强。庭院景观铺地的金属主要是铸铁、钢（镀锌）、铝及青铜。一些金属经过喷漆或氧化处理，更为耐久，减少了锐利感，使人觉得亲

切。（如图4-33所示）。

图4-33　金属铺地只能局部运用

7. 塑胶

主要用作庭院中的休闲娱乐场地，可以起到缓冲和保护的作用。其光反射效果柔和，色彩多样，有弹性，轻质，并且造价低廉。缺点是阳光暴晒的情况下会影响其质量，并且本身是不易降解的物质，透水透气的效果比较差。

有些人造石其实也是塑料制品，色彩和图案都比较精致，人工化的趣味明显，如图4-34所示。

8. 骨料

骨料是指景观工程中最基础结构所使用的材料，如花岗岩和石灰岩，以及加工后的混凝土或沥青混凝土等，通常应用在铺装的基层、建筑的基础、排水层、建设回填层等，有时候也作表面材料（如图4-35所示）。

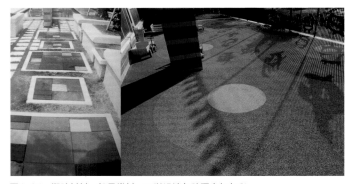

图4-34　塑胶材料一般是卷材，可以设计各种图案与色彩

图4-35　骨料也可以有独特的质感与色彩

根据尺寸和构成物的不同，骨料主要分为沙、沙砾和压碎石、卵石四大类。在庭院铺地中，骨料常常用来拼装复杂的图案，填补异形或窄小的区域，与植物结合，可保持水土，抑制杂草生长。大颗粒的卵石常常砌筑在混凝土里作为庭院道路的铺装。

回收后的木屑也是很好的骨料：利用废弃的木屑树皮等，将其粉碎压实，是非常环保的铺装。做法也十分简便：将土刨松动，把木屑铺撒在地面上，然后浇水浇透即可。在不易种植的地方采用这种方式，可以避免土壤外露，经过长时间的自然降解，还可以增加土地的肥力，改善土质。木屑铺地不够结实耐久，混合沥青材料会增加强度和耐久性。

4.2.3 按照使用功能选择材料

1. 机动车行道路常用材料

通过性最好的道路材料是沥青。彩色沥青的应用给道路带来更丰富的视觉效果。然而在庭院设计中，机动车道一般是小区的最次级道路，为了与庭院及建筑较好地衔接，一般会更注重视觉效果。在需要减速的如环岛，入口或庭院内部的车型路面，通常使用水泥砖或花岗岩，能够较好地配合庭院的整体空间设计。

2. 人行道路常用材料

最常用的人行道铺装材料是各种烧结砖，也成为舒布洛克砖、广场砖等。其造价低廉，颜色品种繁多，施工简易，维护方便，组合效果多样。混凝土铺装因其造价低廉，施工简易也常用在人行路或园路及停车场。其表面处理有以下几种方法：铁抹子抹平，刷子拉毛，水洗石饰面等。需要设置变形缝，其纵缝间距为3.5～4m，横缝间距为5m左右（如图4-36所示）。停车位常用材料—由于停车位在绿地规范中算一般的绿地面积，所以常常选用烧结空心砖或称为露草砖。

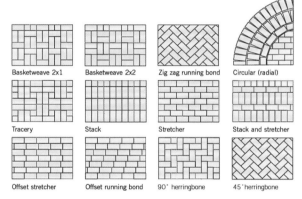

图4-36　烧结砖的拼法，其中zigzag的样式可以承载机动车通行

3. 庭院活动空间硬地铺装

庭院活动空间铺地应考虑材料的色彩和拼接形式与建筑相协调，便于人们的使用和维护管理，如防滑、耐水、易清洁、易行走等。应保证有大面积开敞平整的活动场地，局部可镶嵌装饰砖、分割条、花砖等。石材、木材、烧结砖、塑料均是常用的铺地材料。庭院开敞空间的铺装形式多种多样，完全可以根据业主的需要灵活设计。有些做法是很常见的，如卵石嵌砌路面，耐磨而且露出草地的花岗岩嵌砌路面，用骨料混合玻璃、贝壳碎片等填充的地面，甚至废旧轮胎和沙石建造的台阶，如图4-37所示。

花街铺地：中国私家庭院特有的铺地形式，有几何的形式，也有镶嵌图案的花街铺地。传统的铺地材料有废瓦片、湖石、方砖、卵石等，几乎是废物利用，化腐朽为神奇，而追求"吟花席地，醉月铺毡"的诗意美感。在雨水丰沛的地区，以碎石铺地，适当留缝，可以增强路面的抗滑性能，且有助于排水，且"雨久生苔，自然古色"，别具美感。另外，现代医学提倡利用卵石铺地按摩足底穴位，活血舒筋，消除疲劳，而古人早已践行之，如图4-38所示！

图4-37 各种创意庭院的地面

图4-38 扬州艺圃的抽象图案铺地

4. 运动娱乐场地

简易的活动场地可以选用沥青路面。其成本低，施工容易，弱点是坚固性不够，需要经常维护，弹性不够。标准的运动娱乐场地需要有较好的弹性。塑胶EPDM彩色层可设计成各类图案无接缝，一次成形，整体感强，抗紫外线，色泽稳定，不褪色，是理想的户外活动地面材料。网球场和篮球场等需要专门的地面塑胶材料，如图4-39所示。

图4-39 塑胶材料可结合地形设计

5. 亭、廊等过渡空间

庭院中人们主要活动和停留的空间，类似建筑内的地面铺装，从精致的大理石拼花地面到粗犷的木板铺地均可使用。设计时应当与建筑的材料和风格结合考虑，形成整体一致的效果，如图4-40所示。

6. 其他

在覆盖、排水、种植等区域设计铺装材料应当重点考虑水的渗透性。通常采用密度较低，孔洞较多的材料，例如，金属格栅，使用沙砾或彩色玻璃，锯末等可填充异性空间的材料。在树的种植池周边，常常使用耐阴的草本植物代替硬质的铺装。

图4-40　铺装与空间结合设计

4.3　山石

4.3.1　中国传统山石的审美

置石掇山是中国传统庭院中极为重要、极具特色的造景内容与手法。追求以有形沟通无形，从有限跨越无限，创造出"境生于象外"的意境空间。

中国古典的文人园林中对山石的审美有着独立的系统。他们把石看作凝结于地面的云，是充满生命和灵性的。因此，石的美应具有个性，不流俗，是抽象、含蓄的美。中国传统文化中对山石的审美体现在两个方面：一是"怪丑"之美：其实就是要奇，就是要不同常形，体现出自然造物的神奇与独特之处。二是"自然"之美：这自然是"虽由人作，宛自天开"的人工自然之美，以山石写意自然美景中的神韵，而又起到穿针引线般连贯空间的作用，是中国传统园林艺术的精髓所在。我国古人对石的美学判断超越了它作为自然物的物质品性，而是赋予其生命的人伦鉴识。中国园林里贯穿着山水文化的理念，园林山水与山水绘画、山水诗词以及儒家文化中"仁者乐山，智者乐水"的君子比德思想都是互为表里，一脉相承的。

由于自然山水的尺度与气势无法用人工建造的方式完全再现，所以古典园林中常以"残山剩水"的手法凝练模仿自然界的山水景观之情趣与气质，以小见大，赋予庭院"宛自天开"的神韵，深刻地影响了整个东方园林的造园观念。然而，掇山的手法十分丰富，自成体系，本书无法一一例举，仅初步介绍园林中置石的常见材料与基本理法，如图4-41所示。

图4-41　羡园的"山涧水口"

4.3.2 山石的材料种类

1. 庭院常用天然置石

（1）湖石（太湖石/北太湖石）

太湖石主产于太湖，是一种石灰沉积岩，由于长期的流水冲蚀而形成剔透密集的孔洞，是江南园林造景的主角和特色。其色泽以白色居多，少有青灰，质地坚硬，较脆。白居易在《太湖石记》描述太湖石具有"如虬如凤""如鬼如兽"的象形，能使人有峰峦岩壑的精神感受。宋代苏轼提出"石文而丑"，而众所周知的"瘦漏透皱"的湖石审美标准则是米芾在《论石》中提出的，如图4-42所示。

北太湖石有称作房山石，是北方皇家园林掇山的主要石材，如图4-43所示。

（2）黄石

带橙黄色的细砂岩，产地很多，江苏一带比较常见。其外形比较有棱角，显得雄浑古朴。在造型上有仿效丹霞地貌的妙处。在中国古典园林中，常用黄石的古拙与太湖石的柔美相对比，掇山时追求雄伟的气势。

（3）青石

一种与黄石相似的细砂岩，只是纹理没有黄石规整，北京西郊多产，常见于清代的皇家园林。如圆明园中一处描绘陶渊明作品世外桃源的"武陵春色"景区的桃花洞，和北海的濠濮涧的石景，如图4-44所示。

（4）英石

中国的四大名石之一，因生产于广东英德一带得名，广泛应用于广东园林中。英石有水石、旱石两种，多种颜色，黑色最为名贵。英石是一种方解石，纹理褶皱变化很多，显得层峦叠峰，精巧多姿，如图4-45所示。

图4-42 上海豫园"玉玲珑"：玉玲珑为江南三大名石之一，高约1丈余，玲珑剔透，周身多孔，具有皱漏瘦透之美，为石中甲品。古人曾谓"以一炉香置石底，孔孔烟出；以一盂水灌石顶，孔孔泉流"

图4-43 北太湖石：置于颐和园乐寿堂中院的"青芝岫"和中山公园的"青云片"，堪称"姊妹"石

图4-44　圆明园"武陵春色"景区的桃花洞　　　　图4-45　清晖园的英石璧山

（5）石笋（剑石）

石笋是外形修长似竹笋的一类山石的总称，主要是沉积岩。由于其造型独特，一般不和其他石料混搭，而是特置或布置独立的小景，如图4-46所示。

（6）灵璧石

灵璧石因产于安徽灵璧县得名。其形象险峭而空透，为史上藏石家所钟爱，位于《云林石谱》的首位。大型的灵璧石较少见，大多是用作小巧的盆景，或点缀河溪步石，池塘驳岸等，如图4-47所示。

图4-46　北京颐和园"瞩新亭"的
"慧剑"

图4-47　苏州静思园中的灵璧石"庆云峰"；此石原为灵璧宋花石纲老坑遗石，距今约五亿年，为寒武纪海相沉积环境产物

2. 人工山石材料

现在也有很多人工方法堆砌的假山，主要材料是灰塑、混凝土、树脂混凝土等，内置钢筋构架，外部用糊砌的方法仿造自然山石的效果。这种假山比较轻，容易施工，随着技术的发展其效果也越来越逼真，如图4-48所示。随着立体雕刻技术的发展，目前可以利用电脑建模配合激光雕刻机设计制作出任何造型的置石，成为景观中既传统又前卫的一道风景，如图4-49所示。

图4-48 树脂混凝土制作的假山

图4-49 北京菖蒲河公园内的GRG人造置石

4.3.3 庭院中山石的设计

1. 寻找山石的气质

选石，也叫相石，指根据设计的立意，对具体的山石的大小、造型、纹理、色泽、质地进行选择。一方面，要"相石觅宜"，指选择合适的山石表达设计意图，另一方面，要"求石问意"，即洞察石材所表现出来的内在精神和审美价值。例如，有的石材沟壑延绵，通透有致，适合作为"近山"让人孤立的欣赏，有的层次模糊，浑然一体，在庭院中作为"远山"的效果，以苔藓比作微缩的树木。如北京故宫御花园中的"云盆"，此石长190cm，色呈青灰，质地疏松，全石如一横卧长盆，中间低凹，如长湖、如云盆。这是在石灰岩的溶洞中长成的奇石。当水在岩壁上不断地侵蚀、流动时，水中溶解了碳酸钙，含碳酸钙的水慢慢地蒸发，碳酸钙被沉积下来。又由于水在不断地流动，在沉积的过程中，形成了一个个云片状凹形的波纹槽。这就是云盆的形成过程。云盆在明代时，在每个凹槽内盛水养鱼，因此又称"石鱼池"，如图4-50所示。

2. 借用石材之"势"

石材的搭配讲究某种动势的效果，否则杂乱无序的置石仿佛采石场，毫无美感可言。石景包含"象"和"象外之象"。"象"就是实境，"象外之象"就是虚境，也就是山石之"势"，即趋势、动势、气势等。石墩的浑圆界定出向心的环形空

北京故宫御花园中的"老翁拜斗"洛河石　　北海公园静心斋镜清斋汉白玉供石　　故宫宁寿宫花园天然璞玉供石

北京故宫御花园"海参石"系属珊瑚排泄物化石　　北京故宫宁寿宫花园灵璧石　　苏州留园绿荫轩湖石

苏州留园冠云峰　　岱庙中扶桑石

北京故宫御花园元代圆盆座英石

图4-50 北京故宫中山石的设计

图4-51 扬州史公祠梅花岭以假山引导空间

间，剑石直至云霄，有冲天生长的气势，而湖石堆叠的假山又模拟了水中山石的形态，游人似鱼儿在其间穿梭游走，如图4-51所示。

（1）适当加工

石材是自然的造化物，积聚亿万年的天地之精气凝结而成，在中国古典庭院中是点睛之笔。古人以石材的天然特性为珍贵，较少地人工雕琢。随着时代发展和技术进步，人们对石的态度也发生了变化，更多地利用喷、烧、磨、切割、机刨等技术加工石材，追求不同的效果，如图4-52所示。

（2）布局搭配

中国古典园林中，石材与水，建筑和植物的搭配是浑然一体的，讲究彼此间的巧妙布局做营造的意境。即使是孤立欣赏的置石，也要结合周围的环境背景，体现出画面感。例如，石竹搭配体现出飘逸感，石与梅花搭配体现坚韧个性，石与松的搭配显得苍劲有力，富有禅意，与兰花搭配则显得清雅隐逸，与世无争。石与建筑的围墙，转角等空间巧妙结合，可以柔化建筑僵硬的轮廓或弥补琐碎无用的空间。如传统的"粉壁理石"或者《园冶》中定义的"峭壁山"，就是以粉墙为背景，配有题字铭文和山石花草等塑造成一幅立体的画面。这种手法在江南园林尤为常见，如苏州网师园梯云室粉壁理石等。现代的庭院设计使用现代的材料，如玻璃、木材、金属等，与石材巧妙搭配，形成质感、肌理、色彩等各方面的对比与反差，令人印象深刻。依照现代设计构成的理论，把石材作为组构空间的元素，形成阵列或韵律，也能有出人意料的新颖效果，如图4-53所示。

（3）置石与掇山

在传统园林中，对于不具备山形的零星散石的布置，称为"置石"。置石可以作为园林中的障景和分隔物，组织空间，还可以作为铭刻石、指路石、挡土墙、驳岸处理、花坛的边界或者座椅楼梯等。置石的理法有几种：一是孤置，即作为视觉的焦点欣赏，或者作为障景和对景的景物（如图4-54所示）。二是对置，即两组石头呼应有致，顾盼生情。通常讲究两者之间的对比关系，如大小、方向、石品等。日本庭院中的追逃石组，即体现了动势上的趣味。三是散置，也叫散点，是仿造岩石自然分布的形状进行点置的方法，注重聚散的组合效果。古人认为石头有面有足有腹，所以各种放置的方法也称为立、蹲、卧等。

所谓"掇山"，是指以造景为主要目的，充分结合多方面的功能作用，以土、石为原料按照对自然山水加以概括和提炼的叠石工程。在中国的传统造园中，掇山是一门家族传承的文化和技艺，如北京的置石名家"山石张"祖传的理石十字诀："安、连、接、斗、挎、拼、悬、剑、卡、垂"精炼地概括了掇山置石的手段。掇山也是传统园林的"骨架"，造园必先挖池堆山，使建筑坐落其间，正所谓"因山构室"。掇山按材料可分为土山，即"土包石"，石山，即"石包土"和土石相间山。土山多土少石，起伏平缓，绿意葱葱，一般体量较大。石山是石多土少的假山，一般形体较小但造型多变，空间体验丰富。但是，土山占地面积大而石山对工艺技术要求高，因此土石结合的山石应用最为广泛的。具体说来，土山的代表是嘉定秋霞浦土山；石山以苏州狮子林为例，土石相间山有苏州留园中部假山等，最为常见。

图4-52　贝聿铭设计的苏州博物馆庭院石景：以拙政园白墙为纸，叠石体现出立体的山水画卷。其中远山的处理是将石头切割成薄片，把表面敲毛，然后用专用火枪进行喷烧，呈现出色彩上深下浅的自然过渡效果

图4-53　艺术家用金属创作的现代山石作品

图4-54　上海豫园的"玉玲珑"是太湖石中的极品。有景墙、配石和月亮门，水池等作为衬托，可以从多个角度欣赏其美妙形态，是整个园子的灵魂

4.4　庭院水景材料

4.4.1　庭院水景的设计要点

1.　影响水体形态的主要因素

庭院空间中的水景通常是人为的设计，除了个别水资源条件特别好的项目，大多数的水景营造需要土方处理修整地形，形成高处水源，倾斜处流水，低处蓄水的总体格局。一般而言，由埋于地下的水泵工作提供水源，在水渠和池底都需要做防水层的处理，有条件的话可以做过滤和渗透层的设计，如图4-55所示。

影响水景效果的主要因素有：

坡度：坡度形成的势能提供了水流动的动能，坡度越陡，水流动越大，声音也更响，冲蚀力也越强；容体的形状和尺度：宽阔的尺度水流平缓，突然缩窄的尺度会形成汹涌的激流；容体表面的质地：容体质地粗糙时水流较慢，易形成漩涡，容体质地平滑时，水流较快，也比较平静，不利于生物栖息；温度：水面和冰面的独特纹理；风：形成水的动态肌理；光：水具有折光性与吸光性。

2.　配合水景的植物配置

配合水景种植的植物依据它们对水的深浅的需求，可以分成以下三类。

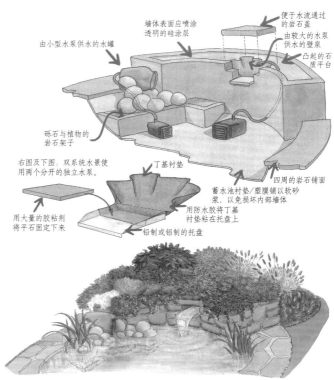

图4-55　庭院水池的做法和效果举例

深水类：一般需要30cm以上的水深，主要有各种睡莲、荷花、金鱼藻、荇菜、水生毛茛等。

镶边类：10～20cm的水位即可，是理想的水池周围种植的植物，如菖蒲、马蹄草、驴蹄草、燕子花、黄花鸢尾、甜茅、灯芯草、水薄荷、芦苇、勿忘我、慈姑、长苞香蒲等。

湿地植物：这些植物适合在湿地或沼泽地生长，主要有落新妇、苔草、泽兰、蚊子草、马蔺、鸢尾、千屈菜、报春、鼠尾草、金莲花、玉簪、铁脚蕨、鳞毛蕨等。

3. 水景的管理

庭院水景的设计同时要考虑到后期维护和管理的问题。问题主要是：一、限制藻类的生长。主要方式是安装过滤装置、种植补氧的植物如水毛茛等、种植睡莲等植物来覆盖水面，减少水池的光照、定期清理腐化的植物叶片等。二、防止虫害。尽量用自然的方式控制害虫，如吸引青蛙、蟾蜍、水蜥蜴和鱼来营造一个比较平衡的水池生态环境。

总的来说，庭院水景需要比较精心的维护，比较简单的办法是每年彻底更换一次池水。冬天要把水泵取出，放入室内防止冻坏。

4.4.2 庭院水景的主要类型

1. 泉

根据水压变化的原理，采取多种手法组合形成的水景。常见的形态有：

壁泉——结合建筑或景墙及小品雕塑设计，形成水帘或多股水流。涌泉——常与静态水池结合，形成涟漪或水柱。旱地喷泉——喷头置于地面以下，不喷水时如同普通的广场。跳泉——线状的水柱，在计算机控制下课精确地变化长度/水流和进入点。雾化喷泉——由多组微孔喷管组成，呈雾状，表现形式多为柱形和球形。球形喷泉——射流呈光滑的水球，其大小和间歇时间受电脑控制，如图4-56所示。

图4-56 各种形态的喷泉

2. 流水

庭院中的流水主要有两种：一是沟、渠，其行为特征取决于水的流量，河床的大小和坡度，以及河底和驳岸的粗糙程度。二是瀑布，水墙瀑布（自由落瀑布）：其肌理平滑或粗糙取决于边沿的平滑与否。瀑布落下时的表面若是水面，溅起的水花小，声音也小，如图4-57所示。

3. 跌落瀑布

也叫叠水，根据景观立面的错落设计，可以形成非常活跃、丰富的动态效果。而滑落瀑布是指水沿着平滑斜坡流下，显得轻盈通透，可以成为水幕，如图4-58所示。

图4-57　人造的流水景观很有些自然山泉的趣味

4. 水池

形成倒影的清晰度取决于水池的深度和水池底面的颜色。较浅的水池可以着重设计池底的质感和肌理，形成趣味。自然式的水塘可以很好地逐步展现景物，营造神秘感，但是应考虑在水池表面安装防护的金属丝网，防止小孩子或者宠物的溺水，同时也可以保护水池中的鱼类不被候鸟等不速之客捕食，如图4-59所示。

图4-58

图4-59

4.4.3　庭院水景的构成要素

1. 衬里

水池的衬里起到蓄水的作用。庭院的小型水景一般有三类衬里，一是软性衬里：即塑料、PVC或丁基胶材质的衬里，它们的使用寿命依次是3～4年、5～10年、30年以上，价格也依次升高。二是玻璃钢或其他塑料材料做成的预制的衬里，易于安装，使用寿命也比较长，且容易维护。三是混凝土的衬里，可以建成任何形状，而且几乎是永久性的，但是其缺点是容易开裂、沉降，施工较复杂。

2. 水池边缘

小水池的边缘是很重要的设计环节，其功能是遮盖衬里，勾勒出水池的形状、容纳溢水，同时阻止泥土流入水池中。主要有几类边缘处理方式：一是自然式，分别在衬里的内侧和外侧开沟，填充砾石和卵石，再种植水生植物，这样的边缘使青蛙、水蜥蜴等动物可以自由出入。二是木制式：即用原木桩或木板给水池镶边。这些木料和普通的木质铺地不同，要用硅胶密封剂处理以防止有害的化学物质进入水中。三是规则式：即用砖、石材、金属等硬质的材料来做水池边缘。这种池岸可以很好地配合建筑的风格，溢水的问题也很容易解决。现在比较受欢迎的无边界水池，也是其中一种。第四类是植物镶边的边缘：首先仍然要在边界铺设砖块作为固定，然后再其上铺设草皮，或者种植镶边植物，如水生鸢尾、萱草等，如图4-60所示。

整个水景的平面图（不按比例）

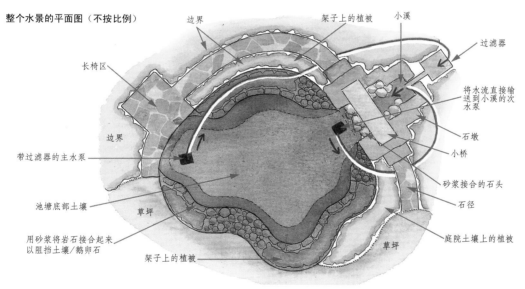

图4-60　水景的平面图

3. 照明

水景灯可以安装在水下、水面或特定的位置来照亮某个景观，如跌水或瀑布。在白天，照明的设备可能会比较碍眼，所以最好用各种石块或植物来掩盖它们。如果水池里有鱼，最好保留一片没有灯光的区域。

水景照明的主要材料有几类：各种规格的池底LED筒灯用来重点照明；线状的LED灯可以勾勒水池的轮廓；具有防风功能或挡风罩的水上蜡烛可以增加庭院的浪漫情趣；光导纤维可以模拟出迷人的光的喷泉的效果，而且可以通过电脑编程实现不同的效果。

4. 水泵

喷泉的效果是由水泵来达到的。包括要选择合适的水泵、设计水的过滤系统及修建蓄水池。庭院中使用的水泵有两大类，一是陆上水泵，通常安装在水池边；二是潜水泵，安装在水下。过滤系统必须装在水泵的进水和出水的位置，以保证流入和流出的水质都是洁净的，以免堵塞水泵污染水池。

陆上型水泵会产生噪音，通常需要单独砌构一个防水箱，留出洞口的位置用于安装水池的进水管和水泵的电缆。潜水泵一般安装在靠近喷泉出口的位置，可以更好地利用水泵的动力性能。

叠水或者小的瀑布喷泉等水景需要设计一个蓄水箱或者蓄水池，保证一定的水量，不会因为被很快蒸发而不断地补充水源，如图4-61所示。

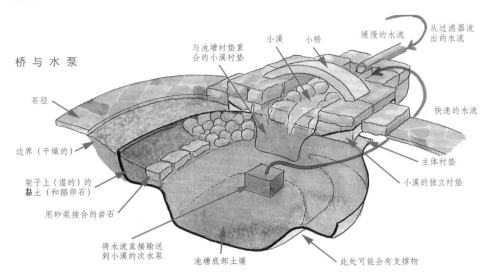

图4-61　水泵与桥的设计与安装

4.5　小型庭院建筑

4.5.1　点式庭院构筑物——亭、台、阳光房、桥等

点式庭院构筑物一般采用框架结构，造型多样，形式丰富，在庭院中起到非常重要的点景作用，美化庭院风景。同时，点式构筑物可以为庭院显示出独特的风格和个性，使庭院达到别具一格的效果。此外，这些建筑还能为植物遮风挡雨，并为花园创造出垂直和多角度的景观。

1. 亭

（1）亭的概念与发展

中国的亭的历史十分悠久，但古代最早的亭并不是供观赏用的建筑。如周代的亭，是设在边防要塞的小堡垒，设有亭史。到了秦汉，亭的建筑扩大到各地，为地方维护治安的基层组织所使用。魏晋南北朝时，代替亭制而起的是驿。之后，亭和驿逐渐废弃。同时，亭作为点景建筑，开始出现在园林之中。到了隋唐时期，园苑之中筑亭已很普遍。宋代有记载的亭子就更多了，建筑也极精巧。在宋《营造法式》中就详细地描述了多种亭的形状和建造技术，此后，亭的建筑便越来越多，形式也多种多样。

（2）亭的主要种类

中国传统的亭子——中国传统的亭子种类较多。以材料而言，木、石居多，砖亭较少；根据其结构特点，有三角亭、四方亭、长方亭、六角、八角、圆形、扇形、海棠形、梅花形等；组合式的亭有套方，套六角、十字形、人字形、下方上园（八角）、下八角上方（圆）等，随宜变化，只要造型美观，结构合理，都可以创新运用，如图4-62所示。

西方园林中的亭——在西方，亭子的概念与中国相近。英文称亭为pavilion、gazebo或kiosk，意指花园或游戏场上的一种轻便的或半永久性的建筑物，大多为矩形，为户外的宴会、表演或舞会而建，具有较强的装饰性，包括休息、更衣、储藏等功能。西方亭的造型特征与古典建筑语言接近，讲究比例尺度的和谐和对称之美，通常是石材或砖结构，其山墙、檐口、柱式、柱础的设计都遵守相应的传统法则，如图4-63所示。

图4-62　中国传统亭的主要样式

图4-63　西方园林中的亭

现代亭——在新的材料和技术以及设计思想的影响下，现代亭的设计更加丰富多样，几乎可以不受约束地进行设计和创造。亭的材料也更加丰富了，如铁艺、塑料、人造石和膜结构的应用，使亭的设计充满创意。现代都市公共空间中的亭的设计需要更多地考虑人流和使用功能，包括结合座椅、信息设备、照明等元素。

常见的现代亭的样式主要有：

坡顶亭：屋顶的形式为简约的传统攒尖顶或正脊顶，直坡斜屋面，不做起翘和变坡，檐口较厚重，挑檐较大。

平顶亭：最为常见的形式，施工简单经济，一般檐口较为厚重，装饰强调漏窗、花格或天窗，构成感较强。

覆斗顶亭：屋顶似斗状覆盖，屋面覆以彩色瓦等，造型介于传统与现代之间。

伞亭：由单柱或数柱集结作为支撑，体态简洁。伞亭通常组合设计。

构架亭：屋顶为镂空或者装饰性的铁艺，使亭内更为通透，也可与花架的设计结合。

膜结构亭：类似帐篷的原理，用膜布、撑柱和拉绳支撑成亭，灵活易用，比较适合人流较大的短期活动场所，如图4-64所示。

（3）亭的设计要点

选址——亭子不仅是供人憩息的场所，又是园林中重要的点景建筑，布置合理，全园俱活，不得体则感到凌乱。一般而言，亭子的选址在看或被看之处，就是说，或者建在山顶水岸，成为风景的一部分，或者建在休憩赏景之处。明代著名的造园家计成在《园冶》中有极为精辟的论述："……亭胡拘水际，通泉竹里，按景山颠，或翠筠茂密之阿，苍松蟠郁之麓"，指在山顶、水涯、湖心、松荫、竹丛、花间都是布置园林建筑的合适地点，在这些地方筑亭，一般都能构成园林空间中美好的景观艺术效果。在庭院筑亭还需要考虑亭与其他建筑、庭院入口、庭院主景观等的位置关系，把握好亭的藏与露、近与远。如苏州沧浪亭立于山石之巅，从此处望去，园内景观尽收眼底。

图4-64　各种现代亭：2007年加拿大梅蒂斯国际花园展越南景观设计师安迪·曹的作品"女神花园"：用熟悉但容易忽视的材料如渔线、竹子、玻璃等，参照传统的越南建筑手法建造的花园小品

结构——可划分为屋顶、柱身、台基三个部分。

亭顶：亭最上面的部分，主要用来遮阳避雨，所以一般是实顶，有时为了美观也做成空顶。从形式上，一般分为平顶和坡顶，以坡顶较为常见。平顶亭结构简单，柱上架梁即可；坡顶较复杂，多为梁架结构，裸露其精美巧妙的榫卯斗拱，饰以彩绘雕刻等装饰。其顶盖可用瓦片、毛草、木板铁皮等材料。

柱身：柱起到支撑的作用，柱的多少主要取决于亭子的平面形式。柱的形式有方柱、圆柱、多角柱、瓜楞柱、梅花柱等，架在柱墩（柱础）之上。柱的材料需承受一定的荷载，常用木、竹、石头、砖、钢筋混凝土、钢等材料。柱身的装饰也是设计的要点。

台基：台基包括台面和基础，位于亭子的最下部，供人们休息之用。台基的高度一般有三到五级，其厚度形成的体量感可以平衡亭顶的体量。台基一般是单独的基础，用混凝土制作。

造型特点——可以概括为小巧、精致、通透。由于亭的结构比较简单，所以给个性化的设计提供了更多的空间，应当结合建筑特点、环境的现状、符号和装饰的主题等因素综合考虑。

亭的建筑面积通常在4~10m²，四面通透，每个立面的造型都应当独立成景，与环境相协调。元人有两句诗："江山无限景，都取一亭中。"这就是亭子的作用，就是把外界大空间的无限景色都吸收进来，如图4-65所示。

图4-65　扬州瘦西湖的钓鱼台亭把远处白塔和五亭桥的景色纳入亭中，如诗如画

2. 桥

（1）桥的概念

桥是一种架空的人造通道。园林中的桥，不仅沟通园路，还起着联系各景点及分隔水面的作用，是园林设计师精心构思和高雅情趣的体现。庭院之桥因园林审美的需要而设立，是对景观的补充和渲染，起着锦上添花的作用。

（2）桥的主要种类

园林中桥的类型很多，按材质分，有木桥、石桥、竹桥、水泥桥等；按形式分，有单跨、多跨、平桥、曲桥、拱桥、亭桥等。园桥的铺装用材十分丰富，有水泥、石板、木块、木板、杉木条、钢架等，但不管运用哪一种材料，必须要与建筑及建筑风格相协调，这样才能达到设计的预期效果。常见的桥有：一是平桥，一般设立在较小的、水池较浅水面上，偏向水体一隅。运用石板，木材搭成，桥墩一般用石块砌筑，上面架石板条或木板，无栏柱。其桥身临近水面，一般跨度较小，以方便观鱼赏花，人行其上，给人以清新、明净和亲切的感受，在小庭院中运用较为广泛。二是拱桥，是庭院中造型最优美的桥之一，桥孔大都为单数，设置在平静的水面上，圆拱曲线丰满，富有动感美，与水面形成动静对比的效果，一般尺度较小的庭院中运用不多。三是亭桥或廊桥，其上置亭或廊，即可休息赏景，又可以划分空间。如拙政园的小飞虹、瘦西湖净香书屋、北海静心斋，都用廊桥来遮掩到尽头的水体，巧妙地扩大了庭院空间，如图4-66所示。

（3）桥的设计要点

选址：小庭院中的园桥，一般架设在水面较窄处，

图4-66

第4章　庭院构成元素

造型大小服从庭院的功能及园路和造景的需要，注意与周围景观的结合。环境要协调统一，把园桥与前后景观共同组成完整的一幅画面。

造型与结构特点：由上部结构和下部结构两部分组成。上部结构包括桥身和桥面；下部结构包括桥墩、桥台和基础。

3. 台

台是一种露天的、高出地面的、表面比较平整的开放性建筑。通常在台上面会修建其他建筑。以台为基础的建筑显得雄伟高大。建在不同地貌基础上的台分别称为天台（建在山顶）、挑台（建在峭壁上）、飘台（建在水边）。根据形态也可分为平台式、退台式、高台式和挑台式，如图4-67所示。在中国古代，台曾用作登高观天象、通神明。而现代庭院中的台以观赏风景为主要功能，供人们休息、观望和娱乐，称为景观平台。景观平台可以使人们在较高的视角欣赏庭院景观，如图4-68所示。

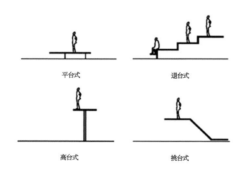

图4-67 平台式、退台式、高台式和挑台式

图4-68 花草间的景观平台

4. 阳光房

阳光房也称为玻璃房，英文名字——winter garden直译就是冬日花园的意思。它实现了居室和阳光的亲密接触。阳光房由四周立柱、顶面承托彩钢板或者钢化玻璃的横梁、纵梁，组合成一个网状结构。阳光房顶材料主要有钢化玻璃、阳光板、彩钢板、德高瓦、断桥铝等；面材料主要有塑钢门窗、断桥铝门窗、铝包木门窗或者彩钢板，如图4-69所示。

阳光房以亲近阳光为主，除了是放松、休憩的去处外，也是最好的会客以及休闲区。阳光房大多被用来作为小花房，养些花草鱼虫。因为采光和通风较好，这里非常适合喜阳植物的生存和成长。同时也可以用作休闲屋，里面可摆放牌桌、健身器材等娱乐休闲用品。

图4-69 阳光房按结构形式分类可分为：钢结构阳光房、木结构阳光房、隔热铝合金结构阳光房

4.5.2 带状庭院构筑物——廊、花架

若亭、轩、馆等小建筑是庭院中的"点"，那么廊、景墙则是庭院中的"线"，可以分割空间，引导通行，联系景观元素。或者成为障景、框景、漏景、透景和展览展示的界面。

1. 廊

（1）廊的概念

屋檐下的过道及其延伸成独立的有顶的过道称廊，廊也是亭的延伸。《园冶》："廊者，庑出一步也，宜曲宜长则胜。古之曲廊，俱曲尺曲。今于所构曲廊，之宇曲者，随形而弯，依势而曲。或蟠山腰，或穷水际，通花渡壑，蜿蜒无尽，斯寝园之'篆云'也。予见润之甘露寺数间高下廊，传说鲁班所造。"

（2）廊的主要种类

中国古典园林中的廊主要有：

双面空廊：两侧均为列柱，没有实墙，在廊中可以观赏两面景色。双面空廊不论直廊、曲廊、回廊、抄手廊等都可采用，不论在风景层次深远的大空间中，或在曲折灵巧的小空间中都可运用。北京颐和园内的长廊，就是双面空廊，全长728m，北依万寿山，南临昆明湖，穿花透树，把万寿山前十几组建筑群联系起来，对丰富园林景色起着突出的作用；

单面空廊：有两种，一种是在双面空廊的一侧列柱间砌上实墙或半实墙而成的；另一种是一侧完全贴在墙或建筑物边沿上。单面空廊的廊顶有时作成单坡形，以利排水。

复廊：在双面空廊的中间夹一道墙，就成了复廊，又称"里外廊"。因为廊内分成两条走道，所以廊的跨度大些。中间墙上开有各种式样的漏窗，从廊的一边透过漏窗可以看到廊的另一边景色，一般设置两边景物各不相同的园林空间。如苏州拙政园的复廊就是一例，它妙在借景，把园内的山和园外的水通过复廊互相引借，使山、水、建筑构成整体，如图4-70所示。

双层廊：上下两层的廊，又称"楼廊"。它为游人提供了在上下两层不同高程的廊中观赏景色的条件，也便于联系不同标高的建筑物或风景点以组织人流，可以丰富园林建筑的空间构图。如扬州寄啸山庄的双层廊的设计贯穿了整个园林空间，被视为中国庭院景观中立体交通的首例。

图4-70 拙政园复廊中间为墙，墙的两边设廊，墙上开设漏窗，人行两边，通过漏窗可以看到隔墙之景

西方古典园林中廊的尺度一般较大，平面形状通常为直线形、半圆形、门字形等。建筑形式采用古典柱式的，称为柱廊。在西方现代园林中，廊的运用十分自由、灵活，柱子较细，跨度较大，造型依环境而变化，多采用平屋顶形式，以钢、混凝土、塑料板等现代建筑材料构筑。西方的廊以罗马柱廊园的形式为代表，在文艺复兴时期及巴洛克时期一直沿用至今。

现代廊多采用钢筋混凝土材料。由于廊通常有相同的单元构成，所以可以实现单元标准

化，制作工厂化，施工装配化，大大提高了建造的效率，降低建造的成本。塑料、玻璃、竹等材料也被大量应用，丰富了设计的效果和突出了地方特色，如图4-71和图4-72所示。

 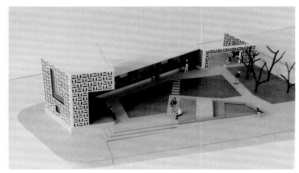

图4-71　　　　　　　　　　　　　　　　　　图4-72

（3）廊的功能

在园林中，廊不仅作为个体建筑联系室内外的手段，而且还常成为各个建筑之间的联系通道，成为园林内游览路线的组成部分。它既有遮荫蔽雨、休息、交通联系的功能，又起组织景观、分隔空间、增加风景层次的作用。从建筑艺术来说，则是增加了空间层次。廊本身如一种似室内又似室外的"灰"空间，比较含蓄，所以廊在各国园林中都得到广泛应用。

（4）廊的设计要点

一是选址：如果在平地建廊：在园林中的小空间或者小型园林中建廊，常沿界墙及附属建筑物以"占边"的形式布置。通常在庭园的一面，两面或者三面和四面建廊，在廊围起来的庭院中间组景，成为兴趣的中心。当庭院面积较小时，通过廊在院中巧妙的穿插，形成景观的层次，使得空间深幽而意境更为丰富。如苏州王洗马巷万宅客厅回廊。在水边或水上建廊：水边或水上建廊一般称之为水廊，供欣赏水景和联系水上建筑。位于岸边的水廊，廊基一般紧贴岸线的形态，在起点或水中设计亭子或水榭，或连接码头。廊的布置可以将庭院中较散乱的元素如假山、小建筑、植物和水体等有机的结合起来。建于水面之上的廊道一般应当紧贴水面，不适合架设太高，给人以穿行于水面而水将廊浮起的感受。有的水廊直接起到桥梁的作用，连接水体较窄的位置，来划分空间。例如苏州拙政园的"小飞虹"，形态纤巧优美，将水面划分成为幽静的"香洲"和开阔的"小沧浪"两个部分。而山地建廊：山地廊可以供游人登山观景和联系不同高度的建筑，可以丰富山地建筑的构图。廊的屋顶和基座有斜坡式和层层跌落的阶梯式。北京颐和园的"画中游"的回廊和北海的爬山廊，都是经典的案例。

二是造型与结构特点：廊的总体构造与亭类似，分为屋顶、柱身、台基三个部分。平面设计上，根据基地的位置和设计的需要，可以设计成直廊、弧形廊、曲廊、回廊及圆形廊等。廊的基本立面形式有悬山、歇山、平顶廊、折板顶廊、单支柱廊等。廊的设计应当通透轻巧，特别注意取景、借景、漏景、透景等手法的应用，廊上的花窗设计也应考虑到与景物相融的特点。在细部处理上，可以加大檐口出挑来形成阴影，遮挡视线；或者设计卷帘等挂落物。休息椅的设计通常与围栏相结合，形成"美人靠"等样式；而顶棚的处理通常裸露结构，加以彩绘和雕刻等装饰。

三是廊的体量尺度：廊是以相同的单元间所组成，其特点是有规律的重复和有组织的变化，形成韵律美感。中式廊通常设计在庭院中，开间不宜过大，在3m左右，而柱距也在3m左右；欧洲传统的廊常设计在城市广场或者建筑外部，强调恢弘的气势，尺度较大，开间和柱距在4～5m。现代廊的设计通常宽在2.5～3.0m，以适应现代的公园设计尺度。廊的檐口高度一般在2.4～2.8m，因顶的形式不同而总体高度有所不同。廊柱一般直径在150～200mm，应当在满足承重需求的情况下尽可能纤巧。

2. 花架

花架也称为绿廊，指园林中有刚性材料构架的、可以让植物攀援的构筑物。花架没有封闭的顶面，是以植物材料为顶的廊。相比于廊或亭，花架更接近自然，布局灵活多样，一般要根据配置植物的特点来构思花架。花架运用在庭院中，其形式和表现手法丰富多彩，不仅为人们在烈日下欣赏园景提供便利，而且增加了景观层次感。

花架的样式极为丰富，有棚架、廊架、亭架、门架等，也具有一定的实用功能。常见的有廊式花架、片式花架、独立式花架和组合花架等。

片式花架——是最为简单的网格式花架，主要为攀援类植物提供支架，宽度和高度可以根据环境的需要，任意调整。一般用木条或钢材或铁艺制作，在环境中起到单片景墙的作用。大部分藤本类植物都适合在花架上生长，如蔷薇、藤本月季、炮仗花等。

独立式花架——这样的花架一般起到园林中点景的作用。在造型方面要求比较高，既要考虑构架本身的造型优美，也要兼顾植物生长的要求和效果。常见的独立式花架有两大类：一类是可以进入的围合空间，另一类是由中心向外发散的伞状构架。由于独立式花架一般独自成景，所以常设计成雕塑感较强的造型，选用单一的常绿植物，构成仿生绿化的软雕塑。

廊架——这种花架是园林中最常见的形式，它们的结构是先立柱再架梁，然后再梁上按照一定的间距布置架条。廊架在园林空间中起到很重要的划分，连接等组织空间的作用。廊架分为单面花架和双面花架。单面花架是指只有一排支柱的花架，柱列位于顶面中间，造型简洁，施工容易；双面花架指有两排支柱的花架，分列于顶面的两侧，其构造更稳固，庇护感更强。

组合花架——花架是结构简单，施工便捷的园林小型构筑物。很适合于其他园林小品组合设计。花架常与景墙、圆桌园椅、展示架、小型水景等结合，满足人们休闲、赏景、休息、参观展览等的各种需求，同时也能更加灵活地与实际环境配合，创造独特新颖的景观，如图4-73所示。

花架的设计要点：

结构——花架一般由基础、柱、梁、缘四个构件组成，其造价低廉，施工方便。

花架的尺度——花架的尺度取决于其所在空间和观赏距离。如果环境较开阔，观赏距离也比较远，花架的尺度可以大一些，开间也大一些，反之则小巧些。总体来说，花架的尺度和亭、廊类似，由于其更通透，所以尺度更小或更大些都不会给人不适的感受。廊架一般开间3～4m，高度一般是2.5～3m，进深为2～4m。弧形的花架应保证顶面内侧的弧线半径大于7m，不宜过于曲折。

材料——花架的材料一般只使用一到两种，不宜过于复杂，应当突出植物的美感。

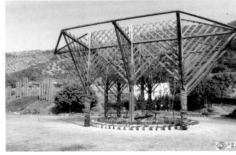

图4-73

　　竹木花架：制作简便，给人亲切自然的感受，使人减轻压力，心情放松。竹木的花架突出了野趣和雅趣，其微妙变化的质感和肌理有种高雅朴素的美感，在富有诗意的文人园林和禅意的日本庭院中备受青睐。但是它们的使用寿命不长，容易腐烂变形，需要及时地维护。目前炭化木、塑化木的技术日益成熟，可以弥补这个弱点。

　　砖石花架：花架的柱以砖石等厚重的材料为基础，其上用木梁或钢筋假设。非常坚固，同时具有厚重的质感。砖石花架能够更好地与建筑相配合，在古典的西方园林中十分常见。砖石的表现力也很强，既可以天然质朴不饰雕琢，也可以精致细腻华丽高贵，配合浮雕或石材本身的纹理，随着时间的推移历久弥新。

　　金属铁艺花架：金属的花架可以任意弯曲，易于加工，富有装饰美感，同时经久耐用，适合回收再利用，也是理想的花架材料。近年金属表面的镀膜或喷漆技术多样，可以达到各种需求的效果，拓展了它的应用空间。

　　钢筋混凝土花架：在现代建筑的影响下，钢筋混凝土作为最经济耐久的材料，广泛应用于现代的风景园林设计之中。钢混的花架适合简约的几何造型。由于它良好的结合性，也可以局部使用更有品质感的材料，增加装饰美感。

　　选址布置——花架是非常灵活便捷的构筑物，非常适合配合环境的需求起到点缀或补充的作用。例如，在雕塑、假山等景观节点周围设置环形的花架，可以起到很好地烘托景物的效果；在园林或建筑的角落设置花架，可以弥补琐碎空间死角的问题，令环境更整体舒适，有些花架与建筑的出入口相结合，扩大了过渡灰空间，提高了人们户外活动的品质同时兼具便利性；在面积较大的广场或公园绿地周边设置花架，可以强化向心空间的凝聚感，聚拢人气，增强场所氛围。

花架与植物的配置——花架所选用的植物要与花架的尺度、结构、梁的宽窄以及外部造型相结合。过密或过宽的空隙很可能会导致植物的枯萎。花架的周围要留出不小于20cm的种植池，并且应合理设计，使之不影响花架的整体造型。种植池尽量略高于地面，又利于攀援植物的生长。常用来搭配花架的植物有紫藤、蔷薇、牵牛花、金银花、葡萄等。另外，常春藤耐荫，凌霄，木香则是喜光的，应当注意选择。

4.6 室外构筑和家具

庭院中的功能性设施和小品可以看作是庭院设计中的点睛之笔。地形、种植和构筑物、水景等都是尺度较大的粗放型的设计，而只有器物（也被称作室外家具）和艺术品的设计才真正可以达到尽善尽美、精致传神的效果，成为庭院环境中提升品质、引人流连、耐人寻味的细节。本节虽分类介绍，但在庭院设计中往往把各种小品结合起来考虑，或者是系列的设计。

4.6.1 台阶和坡道

1. 台阶

（1）台阶的作用

在景观营造中，对于倾斜度大的地方，以及庭园局部间发生高低差的地方，都要设置台阶。台阶为园林道路的一部分，故台阶的设计应与庭院风格成为一体。当台阶设置于庭院中，其美学价值远超过使用价值，其重要性为：

台阶是房屋与庭院间的主要联系。

台阶可使景观两点间的距离缩短，而免迂回之苦。

台阶可使庭园地面产生立体感，而减少起伏不平的地面，可利于庭园布置美化，并能使庭园有宽广的感觉。

由于阶梯产生动的意味及阴影的效果，而呈现出音乐与色彩的韵律，如图4-74所示。

（2）台阶的构造

① 基础可用石块或混凝土。

② 踏面。即脚踩的平面。表面要防滑，向前有一定倾斜度以利排水。宽一般为28～45cm。

③ 踢面台阶的垂直面。一般在10～15cm为宜。最长不超过17.6cm，如图4-75所示。

④ 坡度。台阶上升的角度。本着安全和舒适的原则，庭园中台阶的坡度不应超过40°。

图4-74 台阶与植物的搭配

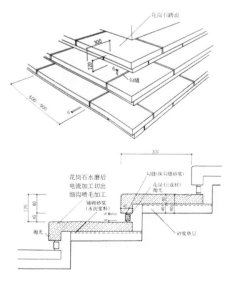

图4-75 庭院台阶剖面图

⑤ 休息平台。按一定的间距设置，用于供人休息。休息平台的深度（从前到后）应该是踏面的倍数。

⑥ 台阶踏面和升面关系的通用规则是：R（升面尺寸）×2+T（踏面尺寸）=26Iin（1in=2.54c）

（3）台阶的设计要点

① 台阶既可以与坡地平行，也可以与坡地以适当的角度相交，或二者兼而有之；既可与坡地融为一体，也可自成一体。坡顶或坡底可利用的空间常常决定了台阶的位置。如果坡顶的空间有限，就应该将台阶的重心放在坡底。反之，若坡底的空间很小，那么可将台阶建在坡道内，而不超出坡道本身。顶部平台则可"嵌入"到坡顶的空间中。

② 台阶的级数取决于高差以及可利用的水平宽度。一般而言，庭园中台阶的坡度没有室内的大，因为后者空间有限，并有扶手或栏杆作为补充。

③ 踏面的横宽也是随环境的不同而异，台阶踏面不应小于35cm，并且它们不应小于所在道路的宽度。若踏面过窄，会给人一种局促、匆忙的不适之感。踏面越宽，越让人觉得从容不迫，身心放松。

④ 每一个踏步的踏面都应该有5mm的高差，这样做是为了确保不在踏面上积水，因为踏面上的积水很容易引起危险，尤其在寒冷的气候下，所以能选用防滑材料是最好的。踏面板应该垂直于踢面而板铺设并高出15mm，这些高差会影响一长段梯段的整体高度。

⑤ 如果设计施工的台阶主要是为老年人服务的，或者如果台阶踏步一侧的垂直距离超过60cm时应设计扶手。

⑥ 设计台阶应当艺术性地处理防滑和视觉提示、安全扶手等问题，也可以和座椅、种植、照明等结合起来考虑（如图4-76所示）。

图4-76 在这个阳光照耀的地中海式庭院中，美丽的盆栽花木和质朴的饰面使台阶更加柔和

2. 坡道

在庭院中，坡道主要分为两类：一是行走坡道：在坡度为1：12（8.3％）到1：4（25％）之间的坡地上一般会使用台阶式的斜坡道，为了减少一段长坡道上明显的坡度陡降，经常会使用台阶式的坡道。坡道两侧至建筑物主要出入口宜安装连续的扶手，扶手高度应为0.90m，设置双层扶手时下层扶手高度宜为0.65m。坡道起止点的扶手端部宜水平延伸0.30m以上，如图4-77所示。二是无障碍坡道：一般的坡道都有一个最大的坡度，大小为1：10，专为轮椅服务的坡道最大坡度应该是1：12。这些坡道的表面应使用防滑材料，坡道的表面积水应该顺着坡道流下，最终能排入专门的排水沟，坡道的长度最好不超过10m，在坡道的间隔处最好适当地设置休息平台，平行于街道的坡道比那些垂直于街道的坡道要安全得多。

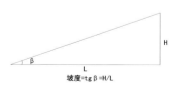

坡度=tgβ=H/L

图4-77 坡度计算

4.6.2 桌椅

在小庭院内布置桌椅，其造型和风格通常都没有太多的局限性，可以根据庭院内的环境以及人们的需求进行设计、搭配和摆放。因此在各种不同类型的小庭院中，人们所看到的桌椅也都具有造型迥异、风格多样等特征，这些座椅的摆设不仅具有很强的实用功能，而且也可以起到一定的装饰作用，将小庭院衬托的更加个性鲜明。

庭院桌椅的设计应当考虑临时性和永久性的搭配。根据庭院的使用需要，有时需要举办Party的聚会空间，有时候需要独自休憩冥想的安静空间。可移动式的桌椅造型独立，材质轻巧便于搬运，使用灵活，设计不强调个性而注重方便好用与环境百搭。固定式的桌椅通常选用耐久的材料，如涂漆的金属或者硬木、藤、石头、马赛克镶嵌等。固定式的桌椅往往是特定场所的一部分，设计应当考虑与周边事物的关系。例如，与台阶、花架、雕塑、围栏等结合考虑，应当突出设计的个性和人的感受。组合设计的家具也可以很好地解决不同用途时的空间问题（如图4-78所示）。

图4-78

不同材料制作的桌椅具有不同的特点：木材具有低导热性的特点，在使用过程中给人们带来冬暖夏凉的就座感觉；石材具有坚实、抗压性强、吸水率小、耐磨、不变形、可磨光等特点。将经过加工处理后的不同色彩和质感石板材作为坐凳的面层材料，能使整个环境显得整洁；混凝土具有坚固、经济、工艺加工方便等优点。利用混凝土的可塑性，可制作出不同纹理、不同造型的户外桌椅；铁金属材料有不锈钢、铸铁、高碳铁等，主要用于工业生产现代化的庭院桌椅，非铁金属材料则以含有铝、铜、锡及其他轻金属的合金为主，其硬度低但材料弹性大。铁艺的桌椅历史悠久，尤其是在西方园林中更为常见。铁艺精致优美的造型与马赛克、贝壳等材料结合，很有艺术感，且越旧越有韵味；户外的藤制园林桌椅的藤条选用PE编藤经过人工编织而成。这些材料的藤家具柔韧性非常好，色泽稳定性很好，颜色能长久保持，编藤产品不发霉，容易清洗，环保。藤制桌椅造型舒适，有把室内的陈设置于室外的感受，相配套的坐垫靠枕等也是防水耐污的材料，如图4-90所示。藤条编织的座椅与布艺坐垫结合摆放于植物丛生的角落，营造一处私密的空间。

塑料材料的含义很广泛，包括塑料和树脂，是合成的高分子化合物，可以自由改变形体样式，造价低廉，是广泛使用的工业产品材料，其缺点是回收利用比较困难，无法降解，耐热性较差，易于老化。玻璃纤维或者玻璃钢，亦称作GRP，即纤维强化塑料。由于是一次成型，塑料或玻璃钢的园林桌椅可以设计成非常特殊的造型，给设计师充分的发挥空间，设计雕塑感很强的园林家具。有些塑料制作的仿编织或青铜质感的园桌园椅，几乎可以在视觉上乱真。

庭院桌椅的设计或选购要注意几个问题：

一是尺度：以人机工程理论为参考，一般尺寸为：座椅坐面高30～40cm；坐面宽40～50cm；靠背倾斜角度为100°～110°。单人椅宽约60cm，双人椅约1.2m，三人椅约1.8m。扶手约0.9m。当然，很多园桌园椅的设计给游人的休憩提供了更多的享受与乐趣，因而造型也多种多样，有的可以弯腰压腿辅助锻炼，有的可以转动或弹起！

二是充分考虑桌椅家具在庭院中的功能。是打算设计一个舒服的可以长时间停留的角落，还是把家具当作创意的艺术品用来欣赏？是为独自享受傍晚的红酒时光，还是热闹的聚会游戏而停留？很多时候，一段挡土墙或是台阶就可以充当桌椅的角色了。

4.6.3 围栏/墙

围栏或围墙在庭院景观中的主要功能是分割空间，同时起到装点环境的作用。也可结合座椅、顶棚、叠水、种植等元素，成为多功能的景观小品。

庭院围栏的设计有很多类型：完全封闭的实墙，结合花池的矮墙，有空洞或壁龛的装饰墙，可以攀爬植物的栅栏，或者仅仅表示范围边缘的30cm左右的矮栏等。

围栏和围墙的区别在于高度。围栏一般低于1.5m。低栏在200～300mm，仅仅从视觉上界定空间，通常在别墅的前院使用；中栏高约800～900mm，限制了人的行动但是并不阻隔视线，主要是保证人的安全，如水岸的围挡等；高栏一般在1100～1300mm，封闭感更强但不阻隔视线，空间感仍是连续的。

围墙一般高于1.5m。矮墙约1.5～1.8m，稍稍遮挡视线并完全阻隔了人的行动，一般的围墙在1.8～2.5m，能够形成完整的连续的景观界面，给人以画面感。高于2.5m的围墙私密感更强，同时使人感到压抑或产生敬畏感。

挡土墙是防止突破坍塌，承受侧向压力的构筑物，在园林中被广泛用于房屋地基、堤岸、路堑边坡、桥梁台座、水榭、假山等地方。在庭院挡土墙的设计中，应当从挡土墙的形式、材料质感进行考虑；《园冶》有云："围墙隐约萝间，架屋蜿蜒于木末。"因此挡土墙设计还应与周围环境结合，形成更富艺术性的景观处理手法。如用植物绿化掩饰挡土墙表面，在挡土墙表面做浮雕或者壁龛，进行彩绘，使之具有强烈的艺术效果。

不同材料建造的围栏或围墙有不同的效果。木、竹的围栏风格质朴，自然、价廉，但是使用期不长，需要定期维护更换，材料要经过防腐处理，或者采用仿真的办法。很多中式和日本风格的庭院偏爱木质或竹的围栏，也有许多经典的设计做法。这些围栏也很适合乡村风格或富有野趣的园林，很适合与攀援植物结合设计。铁艺栏杆感觉比较古典，变化较大，花型较多，具有很强的装饰感，在古典主义和新艺术运动时期的园林中十分常见。砖与石材的围墙坚固耐用，用作院墙或景墙。常见砖砌的墙体外用粘合剂贴上表面材质，也有的矮墙直接用砖砌筑而成，表现出独特的肌理。砖的砌筑方法多种多样，本身就是极富智慧和艺术的创造。天然石材的纹理清晰华美，造价较高也更为耐久，一般用作景观墙的表面造型。一般来说，砖或石材的围墙需要设计压顶石。

金属围墙除了铁艺外，还有圆钢管、方钢管或压型钢板，表面处理工艺采用全自动静电粉末喷涂（即喷塑）或喷漆。随着新技术和材料的出现，氧化钢板、冲压造型金属板材大大提升了围栏的表现力。混凝土围栏是根据所需造型，预先做好模型，再使用混凝土浇筑制成。有时直接将植物进行裁剪，形成围栏及围墙，从而使空间过渡更加柔和，营造一种自然的状态。随着现代科技的发展，各种材料的加工工艺越来越先进，多种材料同时使用在护栏设计上也成为一种趋势。植物纤维、塑料、玻璃等都能见到成功应用的案例。

围栏或围墙内侧和外侧可以用种植槽、植盆，或者留出1m宽的土带，栽植一些藤蔓植物，形成绿色的屏风，使其若隐若现，减少压抑感。一般而言，草本植物的株距在1m左右，木本植物可以间隔3~4m。在涂漆墙上设有罅隙，同时墙外以花池绿植装饰，在消除压迫感的同时也能确保良好的日照和通风，如图4-79所示。

木、竹编织的双层围栏，下部镂空的菱形可以通透地看到外部景色，虚实结合的围栏给人以一种若有若无的想象。

织物帷幔构成的围栏被上下的两块木板拉近，备感阴凉。

麻绳做的屏障上嵌着一串小小的灰色多肉植物，具有柔和的虚隔断的效果。

图4-79

4.6.4 夜色中的氛围——庭院照明材料

夜幕降临后，庭院会显露出与白天截然不同的气质。设计师需要一些巧妙的（绝不是简单的亮化）光来点亮这个场所在暗夜中的气质——一个复杂奢靡的狂欢派对？一个平静的隐居的夜晚？一个亲切温馨的家庭故事会？事实上，很多设计师会无意识地忽视了照明的设计，而事实是：人们只有在结束了一天的工作，夜幕降临后，才可能去露天晚餐、光顾派对场所或在自家的院子里思考人生。

1. 关于室外照明的基本知识

室外照明的灯具有几种分类方式。

一是按尺度功能分，可以分为高杆灯、庭院灯、草坪灯、地埋灯、池底灯、壁灯、台阶灯、投光灯、轮廓灯等。

二是按光源类型分类，主要有白炽灯（光色美丽，非常耗能，逐渐被边缘化）、金属元素灯（卤素灯，亮度很高）、荧光灯、LED灯、太阳能灯、光导纤维、蜡烛或篝火等。目前的LED（light emitting diode （发光二极管）的缩写）光源的灯具发展迅速，其优点是节能、可以适应各种造型的灯具、可以电脑控制变换颜色、遥控等，逐渐成为庭院照明的主流，而太阳能LED灯具响应了人们环保的需求，代表了未来潮流的发展方向，如图4-80所示。

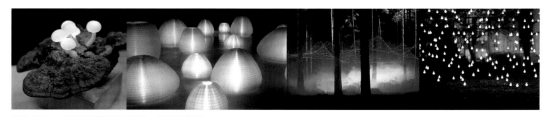

图4-80 一些造型独特的LED灯、灯帘及灯网

选择灯具时，应注意如下几个参数：

电压	安全电压36V，一般家庭电压是220V
功率	物体在单位时间内所做的功，单位是瓦，功率越高，灯越亮
光效	光源所发出的总光通量（流明、亮度）与该光源所消耗的电功率（瓦）的比值，同等功率下，光效越高，光亮越强
色温	人们用与光源的色温相等或相近的完全辐射体的绝对温度来描述光源的色表（人眼直接观察光源时所看到的颜色）又称光源的色温。色温是以绝对温度K来表示。一般来说，暖色光的色温在3300K以下，暖白光又叫中间色，它的色温在3300～5300K。冷色光：又叫日光色，它的色温在5300K以上

一些常用光源的参数值：

光源类型	色温（K）	平均寿命（h）	光效（lm/W）	应用场合
三基色荧光灯	2700～6400	8000～12000	96	广告牌、内嵌照明、路桥、广场、园林、庭院
紧凑性荧光灯				
金属元素灯	2000～5300	6000～12000	75～95	建筑物立面、小品

续表

光源类型	色温（K）	平均寿命（h）	光效（lm/W）	应用场合
高压钠灯	3000～5600	28000	120～200	建筑物立面、小品
光纤	—	十年以上	—	建筑物轮廓、广告箱、水景、地面
LED灯	—	50000～100000	10～18	各种场合

2. 情调照明——根据设计意图寻找合适的材料

夜晚的庭院里昏暗朦胧的灯光让人着迷，人们也需要仰望星空，欣赏月色，所以过于明亮而面面俱到的照明方式是不可取的。最方便的方式是在庭院安装一个大功率的卤素灯，可以解决一切夜间活动的功能需求；或者安装一系列户外电源插座，以满足灵活使用的需求。

然而，人们不会满足于简单粗暴的纯粹功能主义，现代情调照明的理念，正是提倡以营造庭院氛围，创造人的体验为先导来设计照明方式，选择材料。

首先，要决定庭院空间的整体氛围，是热烈？静谧？时尚？戏剧性？低调？温暖？清爽？就像化妆的粉底，给整个空间一个基调：选择合适的庭院灯或泛光照明来体现整体空间，完整的建筑立面等。可以将投射灯巧妙地隐藏在石头或草丛中，对整体块面均匀地提亮。若照射在半透明的膜材料或者选择巧妙的角度，还能出现有趣的光影效果！当然，如果整个庭院面积很小或追求特别的神秘感，也可忽略。

其次，寻找需要重点照明的区域：希望突出建筑的轮廓？创造一个色彩斑斓的水池？强调大理石雕刻的纹理？给佛像雕塑的面部一个特殊的表情？让地面变成满天的星空，与浓黑的夜色相对？这些重点照明可选择的灯具很多，一些金属元素的小型投射灯、荧光灯、LED草坪灯、光导纤维等都可以使用。重点照明要注意调整光线的角度以及光源和物体的距离，若光源在较高的位置要注意避免眩光。重点照明也包括强调安全性和提示性的设计，如台阶灯、水池灯、小径的边缘等提示夜间活动安全的设置必不可少。

最后，是点缀性的照明。这样的照明对光亮程度要求不高，更多是借助现有的小品设施来体现氛围和情趣。可变色的LED灯，可随便移动位置的便携太阳能灯、光纤、蜡烛、白炽灯泡、壁炉和火盆等，都是很理想的材料。将普通白炽灯泡或各种灯串悬挂于树上体现休闲娱乐的氛围；用提灯装蜡烛不仅防风，还很浪漫；各种容器包裹的蜡烛，有些是浮在水面上的，是营造浪漫气氛的高手；庭院用的火把可以发出驱赶蚊虫的气味；防水防风的壁炉与篝火给人以温暖、拉近人的距离，还可以烧烤娱乐。当然，明火的光源要远离植物和家具，避免火灾（如图4-81所示）。

照在半透明材料的灯光，产生斑驳的光影效果。

为突出庭院小景而安装的小型射灯

蜡烛擅于营造气氛

霓虹灯光结合景物造型，可以减轻体量感　　把庭院灯具当作雕塑一般的设计　　灯具的造型色彩与庭院氛围相融合

装有蜡烛的提灯、仿生造型的地灯以及火盆都是装饰庭院的点睛之笔　　　将普通白炽灯泡或各种灯串悬挂起来

图4-81

4.6.5　游戏设施

　　庭院中的游戏设施，根据使用人群划分为儿童游戏设施和成人运动设施。成人运动设施在庭院中的形式通常有篮球场、乒乓球台等小型活动区域。儿童游戏设施则侧重为12岁以下的儿童提供活动场所，随着社会和科技的进步，当今游戏设施在游玩的同时更加注重提高孩子们的各方面能力，如平衡力、动手能力和创造力等，从而使得游戏设施更加多样化，如图4-82所示。

由轻型材料制作的户外积木

沙坑、简易秋千及锻炼平衡能力的行走轮等　　　通过敲打墙壁上不同的圆形可以发出不同的声音

图4-82

4.7 富有情趣的杂物

庭院设施小品的设计应考虑到如下所述3个方面。

其一，庭院装饰物应根据庭院设计风格的大致基调，着重起到突出重点，或者分隔空间层次的作用。庭院空间的基本结构由地面和墙面构成，即户外活动的区域范围和空间分隔的界面，因此，庭院的装饰物也以地面和墙面为基础展开设计。

其二，庭院是修养怡情之所，一些必需的工具物件等可以经过设计具有装饰和烘托情调氛围的作用，一些只能在庭院中使用的器物小品，如风铃、日晷、鸟巢等富有情趣的设施，更是户外优雅生活的点睛之笔。装饰物的设计无定法，物件虽小，却是标识庭院特色、彰显园主性情和喜好标签，应充分强调个性特色，大部分为定做或单独制作。

其三，庭院一般面积较小，与人直接接触，装饰物的肌理、形态等直接影响到人的使用与情感体验。因此，庭院装饰物应充分考虑安全耐用，如图4-83所示。

用彩绘、马赛克镶嵌的办法来对墙面、地面进行装饰

图4-83

用旧易拉罐制作的"罐子的回忆"

4.7.1 植物的容器

人们喜欢在庭院种植各种美丽的季节性花卉，但是当花谢叶枯的时候，难免会形成难看的"空角"，不好处理。仅仅凭借植台和花架构建的种植层次也不够丰富。因此，巧妙构思植物的容器是理想的解决办法。各种花盆花架虽然结构简单，但是却可以很好地体现建筑形式，或者与建筑相结合，柔化建筑与环境的界线。植物对生长的容器要求并不复杂，只需要能容纳足够的土壤，底部有洞方便排水即可，所以，成品花盆和"跨界应用"的容器给人以非常丰富的选择。需要注意的是，在寒冷地带应考虑避免使用赤陶等容易冻裂的材料；在阳台或屋顶等处应当使用玻璃纤维或塑料制品等轻质材料来减轻建筑的荷载；花盆等容器必须在底部设计结实的基础台面。种在花盆内的植物需要更加精心的照料，保持合适的湿度。

单体花盆：最有代表性的是陶土或砂岩花盆，几乎成为典型的地中海风格庭院的标志。它们能够很好地与建筑风格协调，易于打理，不栽种植物时也是不错的装饰。几乎所有材质都可以成为植物的家，有些闲置不用的物品也可以作为花盆。单体花盆的设计或选择需要考虑的只是植物的根系大小、人们欣赏植物的位置和高度以及花盆本身的设计风格与环境是否匹配（如

图4-84所示）。

　　轻质花架：有着镂空的，非常美丽的图案和花纹，而花盆只需选择最便宜、简单的就可以了。轻质的花架有铸铁或硬塑料的，可以随意移动，变换位置。

　　窗槛花箱：完美地装饰建筑的外立面，从室内往外看时，也可以欣赏到美丽的植物。这种轻便小巧的容器可以由多种材料制作，塑料、木板、金属、竹篮等都很理想。

　　悬吊类容器：用颜色点缀庭院的高处，形成一个焦点，一道风景，能够使庭院不再刻板严肃，变得柔和亲切。很多爬藤类植物，如炮仗花、常春藤、绿萝等从吊篮里垂出枝叶藤蔓，或者再攀爬到院落的围墙，也是非常有趣的景观。与独立容器不同，镂空吊兰需要加内层以防止浇花时将土冲出来。防水内层可以用塑料布或无纺布，在底部打眼，便于排水。吊篮切忌过重，如果容器较大，可以选择在容器底部铺设泡沫塑料碎块，比土壤轻且排水效果良好，如图4-85所示。

图4-84　单体花盆

图4-85　悬吊类容器

4.7.2　欢迎动物朋友们

　　庭院不仅仅是人在使用，动物也与我们一起生活着。鸟是其中最好哄骗的。如果定期给它们留好合适的食物、水和洗浴的"浴缸"，它们就会成为庭院的常客。当然，猫、狗等宠物也需要舒适的生活。装饰性的鸟澡盆和鸟台、鸟巢，最好放在较高的位置，使猫狗跳起来也接触不到。宠物们的卫生意识不会很强，所以这些小装置会时常沾染着食物、粪便，为了美观，最好避免将他们摆放在庭院中央的位置，如图4-86所示。

图4-86

4.7.3　实用的装饰物

　　装饰物的特点是鲜明清晰，它能够明确地营造出某种气氛或风格，从而赋予庭院一定的特色。对装饰品所处的环境一定要把握好，选取装饰品的位置时，需要综合考虑周围的植物、采光以及参观者的主要视角。因为这些因素都会影响观赏。人们的目光很容易被装饰物左右。有些景观让人感到紧迫，有些让人感到舒缓甚至停顿。装饰物还能对庭院中一些不太显眼的元素根据需要加以遮掩或强调。

　　艺术雕塑：庭院中的雕塑要满足耐受风吹日晒雨淋的要求，一般用石材、金属、玻璃和玻璃钢等材料制作。艺术品常与喷泉、灯具、花盆等使用器物的造型相结合。但是，艺术雕塑的主要功能是作为空间中的视觉焦点，必须突出其形态的个性和特色。中国传统的庭院中，石头就是天然的雕塑。艺术品在庭院中的选址很重要，不同的位置的艺术品对空间起到不同的控制和影响作用。

　　钟与日晷：自然的花园是世界的缩影，而日晷是时间的象征。日晷铭文的内容一般都是提醒人们，时间短暂，生命转瞬即逝。日晷使园林富有诗意，体现出文艺复兴时期的风格。

　　工具格：户外劳动的工具需要存储的地方，有的结合座椅设计成箱体，使空间显得整洁；更多时候是结合建筑的墙面空间设计台或架子等，把物品展示出来，不仅使用方便，也具有独特的田园休闲风格。

　　风铃：风铃本是在寺庙中悬挂，表达祈祷的虔诚。日本传统庭院的入口处往往悬挂风铃代替门铃，告知主人客人来访，也给庭院增加了禅意。

　　信箱与门牌号：一般设计在庭院的入口位置，与围墙结合起来设计，风格应当与建筑的格调相匹配，同时体现个性和创意。

　　滴灌器：庭院的植物需要定期的浇灌，全部依靠人工灌溉的工作量是很大的。所以，庭院施工时通常使用滴灌或自动喷灌的方式进行维护。最简单的方式是把扎孔的橡皮管放置在草丛中，用出水口的阀门控制。有些滴灌器可以用生活日用品制作，别有一番情趣，如图4-87所示。

图4-87　由上之下，由左及右依次是：花卉标签、风铃、滴灌器、铁艺门、门牌和邮箱、各种地域风情的雕塑等

第5章
概念设计

本章课程概述

　　本章是庭院设计课程的重点和难点。在教学中教师应以实际项目案例为基础，结合前章节场地分析勘察等前期工作展开概念设计教学。练习题必须有实际可以考察的场地，教师可以扮演甲方的角色提出要求，分步骤地启发学生分析总结思考等。

本章教学目标

　　在实际项目的模拟实践中培养学生对创造性思维的训练，结合景观设计的特点以大量分析和推导来引导学生，使得学生掌握设计方法和步骤。以推演和重叠等方式让"概念"不断进化和拓展，防止直接进入"结果"的设计思维方式。

本章教学重点

　　本章教学重点即体会方案设计的过程。包括：一是能够理解和绘制场地现状及功能要求分析图；二是学习体会联想、类比、逆向思维等概念设计的方法，拓宽设计思路；三是学习对场地的因素进行分类系统思考；四是能够运用各种形态将设计概念落实到图纸空间，并通过反复的草图推敲深入方案设计。

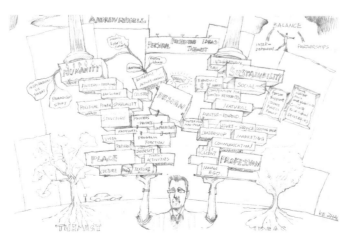

5.1 设计中的概念

在庭院景观设计中，虽然并非如大型景观建筑设计中需要处理相对庞杂的信息和多头绪的需求，从而需要有较为系统的设计程序和设计团队来支持；庭院设计的概念则多起源于设计师个人对场地的理解或对客户生活需求的满足，而概念的明确性则是设计成败的关键。

5.1.1 概念的成形

概念是一系列的在事务或者问题的不同层面上提出的各种设想和想法，即可以是单一概念，也可以是多个在不同层面的概念的综合。然而，这些想法的来源必须从设计创作流程上着手探究。

1. 整理和收集、分析信息

如第2章、第3章所述，根据信息的属性进行归类，并通过对类别研究进行更深入的信息材料收集。这一简单分类可以看成是相对通常的、客观的对信息的收集。

根据场地和项目情况对通常的类别进行细分，如气候可分为大气候信息和微气候信息，又如调整使用者信息（同时也可能是客户信息）的收集方式的，即前文所述现场调研、勘察等；进而，对现有信息进行设计上的重组。对收集到的信息尝试进行初步的回应，提出新的组合方式，如场地"自然条件"与"非自然条件"；"有利于设计的方面"与"不利于设计的方面"以及"介于之间的"；"动态的元素"和相对"静态的元素"以及"可以同时是两者的元素"等分类形式。这一种分类可以看成是对客观信息作出的相对主观的初步应对。以上几种对信息的处理将对下一步的概念草图起到指导作用。

2. 寻找问题与可能性

即在客观信息的收集和初步应对之后得出的初步结论。可以分为基本问题和表面问题。基本问题和含义是场地中不可更改的因素和局限，即设计必须始终应对的问题，通常如日照局限、地形限制，客户特殊需求、材料来源限制等；表面问题指的是可以考虑通过未来的设计有可能彻底解决的问题，如土壤条件问题可通过更换表层土壤来适应种植，相邻建筑干扰可通过未来设计中的结构以及植物遮挡来解决私密性问题等。区分并抽取出基本问题来着重应对和思考有助于概念在最终解决方案上的准确性。

3. 提出初步概念

即对基本问题和客户主观要求做出应对的过程中提出各种可能性。庭院设计中的概念有几种基本类型。

（1）问题与挑战——解决方案型概念

围绕材料分析结果所提出的问题和挑战提出直接的解决方案，这一类型需要对问题和各种挑战作出理性的分类和判断。通常以解决基本问题为核心，如从建构空间的"私密性"着手，进而确定私密程度、各个空间的关联等，然后再从形式、材料、工艺着手探讨各种可能性，从而提出一揽子解决方案（如图5-1所示）。这些概念大都是紧扣空间中的功能分配要求的，以设计师建议并得到客户认同的"功能清单"为出发点来组织平面与空间布局。在组织功能方面需要对功能清单作出具体分析，分出主次，因为通常在设计项目中的两种情况是场地无法满足所有功能，或者客户要求的功能定位并不明确清晰，模棱两可。具体分析方法可以从客户生活习惯出发，如客户家庭成员可能的户外活动内容等（如图5-1、图5-2所示）。

图5-1　设计解决并利用原有的树木

图5-2　空间以各种活动功能为基本区域划分

（2）文化理念的运用——风格主导型概念

风格化设计概念以文化理念的倾向性为主导，需要分析设计场地及各种相关条件来支持客户提出的风格需求。以风格为主导的概念着重思考各种风格形式的设置，如文化符号、材质、色彩等方面的运用，并结合功能和场地的客观条件，特别是相关联建筑风格进行思考，以达到一定程度的风格内涵要求，如图5-3所示。

图5-3　空间以各种典型风格符号为主体设计语言

（3）比喻隐喻——形式转换型概念

形式转换的含义是通过隐喻和比喻的方式从一种特定形式转换成设计所需要的形态。转换形式来制造隐喻，如以用旱桥和西沙石的设置来表现水流，借用植被在风中的摆动来隐喻"动与静"等。这种类型的概念既可以模拟自然形态，也可以运用严格的几何形态；既可以出现在功能平面的设置安排上，又可以在结构立面进行表达。其可能性多种多样，这一类型的概念需要设计师有较强的创造力和表现力，如图5-4所示。

图5-4　左：夸张的景观装置　　右：江南园林"旱园水做"的方法，即用铺地模拟水纹，而花厅做成船的
　　　　　　　　　　　　　　　　　　形状

　　以上概念形成的几个方面只是区别于不同思考的路径，起点和着重点，随后的设计思考需要关联所有的方面，特别关注能否满足对解决根本问题的需要。无论是隐喻还是功能等，都需要结合起来进行思考，以互相印证，互相满足，并保持思考的连贯性和主次之分，从而既有清晰的概念线索，又能涵盖各个角度的需求。训练这一思考过程的逻辑性至关重要，同时快速手绘来记录和表达思考的过程和结果。

4．细节深化来巩固概念设计

　　在这一步骤上的细节深化是指收集能用概念推导出的局部细节。以细节来巩固概念的完整性和坚实性，如同写文章不可跑题一样，细节和概念之间的关系如同文章中的词汇运用，不仅仅决定行文风格，更对艺术质量产生巨大影响；同样在花园设计中，当概念确定于某一个风格或一个主题，随之而来的便是大量与之相适应的细节设置，材料、色彩、艺术品、植被等等。在罗列这些细节的时候需尽量收集各种典型形式、符号，随时回到概念主体，检验这些细节能否阐述清楚，并作为随后细化设计的基础，如图5-5所示。

5.1.2　问题与挑战——解决方案型概念

　　在对设计任务书的解读和场地信息的收集中我们能找到很多"问题"。第一，由于业主

图5-5　左上：室外家具选用细节，右上：植被及盆栽选用细节，左下：材料及铺装细节，右下：功能表现细节

的非专业性，其设想的可行性便是首先要注意的问题；第二，在任务书之中可能未提到一些限制，如当地植物材料供应和施工工艺等问题；第三，在微气候条件下的限制（如风向、空调位置、地下管线对未来设计可能造成的影响）等。在确定设计方向、并初步对出现的问题有所归纳之后转换思维，此时应把问题即挑战作为设计发挥的起点，"障碍"越突出越需要转换思考角度。例如，由于建筑结构问题在空间中出现的障碍物，如地下室排气管，或者地下管线铺埋深度无法种植平行根系的植物等等。那么这些"障碍"看似恼人，却往往是设计出发点，甚至是概念的来源。

在此阶段所需要做的并非依此理论立刻进行"完整"的设计，只需要总结归纳出各种个样的"问题"和可能性，并以文字、速写、照片等方式记录下来，以备后用。

概念设计流程中所述"寻找问题与可能性"是这一类型概念的着重关注点。在一般设计项目中最让设计师头痛的问题多是：客户的要求和场地条件限制之间的矛盾。有时设计师的想法也可能会受到场地材料等因素的限制，从而各种设计想法需要有一定的弹性来适应这一普遍情况。这首先要求在提出概念之前对场地与甲方的要求有全方位的了解和体会，以确定设计项目中的基本问题，即设计需要始终应对的限制性条件。通常的"限制"主要有：地形、气候、建筑样式、周边条件、客户特殊功能要求等。

1. 地形

地形因素往往是项目场地的首要问题。地形的竖向条件决定了设计的基本方向，在实践中极少能大规模的改变地形面貌，总是首先利用现有地形而不是随心所欲大范围改变，在此既有经济成本的因素，又有风水因素的考量。

图5-6　对称及几何形态的设计布局

平缓开阔的地形对平面布局、植物配置的要求相对较高。以对称平衡的布局或有机流动性平面布局，以及有主题的构图较为适合这一类型的地形（如图5-6所示）。竖向高差复杂的地形对设计师的空间理解能力以及空间转换能力要求较高，同时对功能布局也有较大限制。应对方式应专注于交通流线规划，避免忽上忽下，分出竖向层次以设置功能，最大化地利用空间的自然层次来营造合适的气氛，如图5-7所示。

图5-7　坡地花园

2. 气候

场地气候是客观条件中最难以改变的因素。宏观气候决定了植物的选配，其中可做调配的是选择日照区和遮阴区域的植物选配，湿度的调节也是有限的。典型应对方式以跟据需要营造典型气氛为主，或者注重选择色彩和质感对比强烈的植物配置来化解可能的平庸，在日照、遮阴、半遮阴之间调整空间气氛，如图5-8所示。

图5-8 左：旱地着重注意植被的选择搭配；右：背光处及树荫空间的利用

3. 周边条件

场地周边条件也是几乎无法改变从而需要设计师被动应对的一类因素。这一类型通常要么是有美景可借，或者需要遮挡，如附近构筑物对私密性的影响等。当以上情况比较显著的时候，设计师则无法回避，或竭尽所能借景，使得周边可用之景以各种途径渗透到庭院之中；或使用各种方式遮挡，隔墙、藤架、密植一定高度的植被等，以彻底抵挡外界干扰。某些外部因素虽不至于极力遮挡，但也有可能对庭院内部产生影响。如地表径流（雨水渗透问题）、风道影响等，如图5-9所示。以上各种限制性"问题"都是以设计是否能最终解决为最终结果。设计之初对问题的发现以及衡量这些限制的程度决定了设计的挑战性和方向性。

图5-9 借用围墙外的景观，或者使用高且密的植被遮挡来营造私密空间

4. 维护的条件和地域条件

在庭院设计中，植物种植往往是不可或缺的部分，庭院维护的项目和工作量是设计师必须考虑的方面。这一方面的因素可以归纳到人与庭院互动的部分。设计师的前期设计和施工

方的庭院建造是这一互动的第一部分，庭院建造完成之后的维护与植物养护则是互动的后一部分。这一部分的互动在某种程度上决定了庭院设计的最终成败。设计师是不能改变植物生长规律的，只能去顺应；而后期的维护则是根据这一规律对庭院进行第二次设计。很多植物需要保持造型如木本灌木必须长期坚持修剪，一旦失去维护生长过度便无法修剪回原来形态；很多草本花卉，对营养、光线、阳光、湿度、温度极其敏感，即便成活也有可能因为维护不当快速衰败。维护和保养的工作量和具体形式应该考虑在设计初期，并以可以预期的工作量来限定设计方向。在实践中，庭院设计项目与预期客户需要以花费的维护时间及频率作为基本考量。

5.1.3 空间里的功能要求——功能型概念

功能在任何空间设计流程中都具有基础性作用。各种功能要求在实用、心理、社会、文化上都有体现，庭院设计中则更加注重多方位的功能需求，并能使各种功能重叠融合表达在有限的空间中。在这些需求之中，实用性功能为首，而一个不实用的空间总是不成功的，现代主义设计美学大多是强调设计的实用性，如何好用成为一个设计是否成功的核心问题，也是对一个设计师专业能力的基本考量。其他需求如心理和美学等，如果孤立的来看依然是设计的一种功能性需求，其目的依然是满足使用者的要求。庭院景观有其自身的特殊性，首先，由于空间和周边环境限制，无法在平面上简单罗列功能；其次，由于景观是一个生长系统，场地自身也有其特定的需求，一个植物无法成活和土质无法保障的景观也必定不能成功；庭院设计作为景观设计之一本身就是一个跨学科、跨专业的活动，设计师既要具有建筑学概念，又要有植物学概念；既要有空间结构的概念，又要有时间概念（植物生长季节性概念）；既要有环境生态概念，又要有美学概念等；以上这些既综合又有某种对立的领域都需要设计师能在其中求取平衡，达到某种和谐，故而注重功能为设计基础至关重要。

1. 回顾功能要求清单

在研究设计任务书并与客户及使用者交流之后，即可列出功能清单。在实践中，有一些常见功能出现在大多数项目中，为景观庭院设计必需要应对的基本要素，也形成了景观庭院设计学科的基本特征。以此特征为基础，可以交叉延伸和涵盖到植物学、建筑学、心理学等学科领域，其中最为关键的是对客户生活状态的理解。

（1）人群活动——散步、娱乐、阅读休闲、体育活动、观景、亭棚、花卉植物、宠物活动、家庭中小孩玩耍等功能（在初步规划时应用简单直接的线条、色彩或者图形在平面上表达出来，并开始注意主次安排）。

（2）交通流线——入口、过道、台阶、硬地区域、过桥等（在初步规划时考虑这一部分是对上面各功能的连接）。

（3）遮挡部分、围墙、障碍物阻隔部分等。

（4）储藏区域如各种园艺维护工具、家庭物品、垃圾箱等。

（5）关注景点如水体、雕塑、景观中的建筑构造、视觉关注点、保持历史文脉的延续性等。

（6）相邻生态区域（花园之外）、各种需要保护的区域，如保护水源，地表土壤结构调整改善自然排水，减少自然侵蚀，恢复和保护自然生态系统等。

（7）其他要求如设计的安全性需求，最小化维护成本，节约能源，减少噪声和干扰，遮蔽或打开视线，提供量好的视觉识别系统，适当的照明，制造私密性和自然亲和力，减少噪声和干扰等。

然而，如同设计目标一样，由于客户的非专业性，并非每一项功能都合理或具有可行性，需要通过随后的整合和概念的形成来进行甄别和取舍，用结构性的概念设计来说服客户，以最终确定合理的功能设置。

除私家庭院以外，社区公共庭院景观（社区花园）或者商业性庭院景观（商业场所，办公场所）往往并非为客户使用，反之亦然。后者的需求清单相对较为复杂与多角度，这就需要设计师以专业的角度发现设计项目潜在的功能需求。此时最大的障碍是受到场地现有印象的影响，考察场地并拍摄大量照片之后的信息分析容易使得设计师相对禁锢在现有的功能之中，对各种可能性的思考受到各种"条件"（可行性）的制约，难以创造性去思考其他的可能。

这些典型类别的思考可以暂时不考虑现有功能和可行性，而最大化的寻找各种可能，如在此基础之上通过细分继续将功能具体化，又如对于人群的分析可以找到更具体的功能：散步、遛狗、母亲带孩子的活动、老年人俱乐部、年轻人约会、身体锻炼、体育竞技活动（网球篮球等）、喝咖啡、玩滑板、骑单车、攀岩、戏水、家庭野餐、观看室外艺术展览等。然后再将这些具体功能与现有功能结合起来分出总体类别，根据前面对其他信息的分析来定位设计师所认定的功能组合。

2. 功能的层次

在设计工作实践中，并非所有这些现有和潜在的功能都能平均的实现，很多功能是可以在一种形式之下重叠表达的，如庭院中的道路，可以是散步、健身、私密性要求以及减少噪声等功能要求的整合，甚至在这条道路的设计上涵盖几乎所有功能需求或各个需求的某一方面。分析整合功能清单是把一系列现有的和潜在的功能进行整体考虑，在空间上或在形式上进行分类和分层次，区分出哪一些功能是设计的重点部分，设计过程中需要着重优先考虑的，哪一些是可以附着在主要功能之上的。区分方法所依据的是对客户要求的分析和对场地自身特点要求的分析。由于客户要求在某种程度上的不确定性和在设计过程中的可变性，在此举例分析场地自身要求分析来判断功能重点。

3. 较大的场地

场地较大的景观地块往往以场景或故事性为优先考虑。场景可以包括某个单一功能如集会、群体性活动等，并以此为基础来贯穿或者发散出其他功能需求；故事性主题可以从容的在较大场地展现，并以此为主线来设置各种个样的功能需求。在较大场地比较强调功能设置和安排的节奏性，为使用者设计活动程序来引导人流和活动，如图5-10所示。

图5-10 单一主题性大空间

4. 坡地等复杂地形

坡地等复杂地形的场地往往是以交通考虑为优先。在此类型地形中的各种功能设置必须结合流线设计的合理性，成败即决定于交通流线的安排和设置。这一地形对功能区域的设置较为谨慎，如图5-11所示。

5. 较小的场地

较小的场地往往以功能为优先考虑，由于空间的局促各种功能是否可以有效运行是这一类型设计的挑战。在此种类型中着重强调功能的整合和重叠，尽最大可能避免使用上的冲突，转移或者减小局促感，如图5-12所示。

6. 周边环境具有明确风格特征的场地

这一类型场地往往需要着重考虑如何学习和了解周边建筑或者城市文脉的风格特征，从而对场地进行风格定位并运用到功能设置之中去。其结果要么顺应周边风格，要么反其道行之，要么对其进行一定的调整。也就是说，设计是对周边情况研究而导致的结果，周边情况特征是设计的原因，如图5-13所示。

7. 具有强烈自身自然条件特征的场地

这种类型的场地往往具有明显生态特征或者气候特征，如旱地、湿地、山石林立等。由于这一地形的特征基本上已经自成体系，其基本功能要求就是最大限度保持和维护地形的自然特性或加以适当的改善以迎合额外功能需求，或者是建筑空间的限制，如四面高耸的围墙的相对密闭空间。设计师必须面对这些无法回避的因素并以感官体验为设计的导向，很多设计也由设计师或甲方特殊要求赋予场地以明确的风格气质，从而引导出较为主观的概念满足基础功能，如图5-14所示。

图5-11 场地流线布局为首要关注，功能及审美围绕其进行

图5-12 正对悉尼大桥的屋顶花园

图5-13 景观铺装为建筑风格的延伸

图5-14 以对光线的感受来布置功能

尽管注重实际实用功能来作为设计基础至关重要，仍要避免在设计思维上受到束缚，在设计中各个层面上的概念并非彻底对立、互相矛盾，懂得不仅不受这种表面"对立"的限制，而以此为契机寻求新的角度则是设计成熟的标志。

5.1.4　历史与文化理念——风格型概念

在大部分实际案例中，客户确定各种使用功能后便会关心风格问题。设计师必须对各种历史的、地域的设计风格了然于胸，能够深入理解隐藏于风格表象的文化内涵，才能综合应用，创造适合客户的风格。第三课对庭院各种风格的概括叙述中简要介绍了不同地域庭院的特征。在设计之前，需要着重分析场地的各种条件以确定是否适合某一特定风格并思考具体如何运用，包括硬地铺装、造型结构，植物配置等问题。根据场地及建筑等条件选择合适的形式符号与设计方法是这一类型概念的关键之处。

在实践中对风格式样的运用可分为形式性运用和理念性运用两种基本方法。形式性运用主要是指对各种风格形式在典型造性、色彩、材料、质感等方面的把握和运用。造型与结构形式的独特性是各种风格的主要形式语言要素，如中国传统园林中的亭台楼阁、硬地铺装形式、造山置石、围湖水榭、折桥门洞等。在具体设计中需要首先注意的是这些单体形式有非常强烈的符号化特征，指向其特定风格。在设计中运用形式符号应避免随意混合，混乱搭配造成形式语言不协调。其次，对语言符号本身细节的把握程度。这些细节决定了形式表达的准确性和之间的连贯性。这些要求都决定了设计师在对风格语言的学习过程中应注意准确性和细节深度。

文化理念性运用指的是根据历史文化内涵来表达设计，着重强调文化的精神性本来含义，而非形式结构本身。日式风格的茶室前院设计需符合饮茶礼仪中强调的各种行为方式，如主客之礼、会面之礼等规范以及传统文化中抽象美学意义的具象表现。英式花园中特定时期对植物设置与功能设置的配合，如殖民地时期对草本花园与蔬菜生产花园的运用表达了既传承了英式本土的传统，又发展出殖民地早期特有的形式，如图5-15和图5-16所示。

图5-15　典型的日式花园

图5-16　以年生植物和草本植物为主体的英式花园

由于不受具体形式和符号的限制，对文化理念的表达往往在设计中产生新的语言形式。新的语言形式表达和更多维度的设计思考层次对文化与风格本身的描述更加多元化。

5.1.5　比喻隐喻——形式转换型概念

这类型的概念在设计上相对比较自由，需要设计师在设计中更多运用纯艺术的语言，设计过程步骤性不明确，思维跳跃性很强。在这种情况下往往更加考验设计师的艺术修养和整体把控能力，在某种程度上这一类型的概念在各个层面上涵盖其他所有类型的设计概念。

由于这一类型的设计在形式上往往不以常规形式出现，便要求设计师有较强的沟通能力，在与客户、施工等方面的交流中清晰表达自己的想法和意图，能在整个过程中控制设计和施工的过程以达到自己的设计目标。

强烈的表现性也是这一类型的特征。设计师通常会在建筑形式、场地特征中获得独特的体验，以完全自我的表达方式来表达其可能对任何事物的感受，含义隐含性极强，甚至不可直接解释，这一特征也是现代艺术和设计艺术中的典型形式。探求概念设计的精神性和对设计的含义的关注贯穿整个设计过程之中。

1.　概念中的精神表达

在传统东方园林中，精神性和思想性往往首先需要考虑和明确下来，并一直贯穿设计和制作的过程之中。在现代景观设计中精神性的表达往往用运用符号美学和寓意转换来实现。以下场所适合以精神性概念为出发点：

一个设计项目需要表达成功和社会地位；

一个需要表达技术美学的项目；

一个庭院加入河流的元素来表达快乐和生生不息寓意的项目；

一个社区规划需要体现本土文化和历史意义的项目；

一个景观不需要考虑生态、绿色，而着重空间和形态的精神性；

一个公共办公空间大楼的庭园景观或屋顶花园的设计，业主需要着重表达对公司的环境和生态资源的重视；

一个纯概念设计，运用非常规手段来制造惊奇、干扰、迷惑的效果；

一个宁静的空间，可以冥想和放松的场所；

一个着重娱乐性的室外空间；

一个着重描述人道主义、人性等主题的景观空间；

一个注重精致细节，简洁的景观空间。

当一个概念被客户认可之后，接下来的挑战便是如何运用造型的手段来表述概念，找寻相对应的形态和形式。以造型形式、材料、色彩等元素为基础，如简单明确的线条和几何型的线条，以及工业性很强的塑料、人工材料等来表达高科技的信息；注重环境的概念则多用石头、木料、细沙等自然的材料，以有机的形态凸显平衡和谐的关系；娱乐性为主的概念则注重色彩的明快，运用动态造型；宁静的场所则多用静态造型和材料，色彩中性；在需要有较强抽象性的概念中则首先需要注重思维模式的思辨性，即各种对比，如严肃与戏谑、主动与被动、激动人心与平庸无奇、合作性与对抗性、刺激与舒适、互动与被动等，然后再寻找与之相对应的形态。

2.　如何寻找含义

庭院设计中的形式转换类型概念以叙述性概念为典型之一，通常指向非常具体的形式和细节，每一个细节都在描述概念，尽可能直观地描述一个故事。思考手段可以注意到以下各方面：

（1）以命名的方式来创造一个场地的特性；

（2）制造秩序感，有序的空间、开放和闭合是可以讲述故事的；

（3）以展示和隐藏元素来制造发现和惊喜的感觉；

（4）创造尽可能互动和对话的场景；

（5）故事细节展现在材料上（雕塑、雕刻、铺装符号等）。

思考这一类型的设计，要求设计师必须能移情进入叙述状态，同时能体会客户和使用者的感觉和心情，能够理解其状态、心境、信仰以及价值观，并能通过具象的形式转换成设计细节，来体现和对应其文化倾向和个人背景。

3. 表达方式

在实践当中并非每一个项目都必须讲述一个故事，或者赋予一个深刻含义。绝大多数客户会认可一个既满足自己要求，又能适应场地的方案设计。他们关注于空间的利用和实际可操作性以及可以表达场地特性的各种优美形式。然而，无论是客户仅需要简单的功能要求还是对于设计有更高要求的客户，设计方案的含义总会具有超越实用性和观赏性的要求，即对设计含义的要求，仅仅是程度上的区别。在寻找场地及设计含义的过程中，需要考虑以下几种方式：

（1）主题思想：将一连串想法和思考整合起来，提出一个设计主线或者一个表现主题。

（2）符号的运用：以特定的形态或者物体来代表或者表达特定含义。符号来自于风格、事件、历史、宗教等，同时也可以表达这些事物。在一个项目当中发现、定义和运用符号往往是概念设计的开始。

（3）隐喻：在看似两个不相关的物体之间制造一个修辞的转换，在设计中，用一个事物代替另一个事物，使其产生审美意义。这一方法相对比较具象，如一块曲型流动状的白色沙砾铺地可以隐喻江河的流动。

（4）寓意：运用造型元素和材料机理等设计手段来制造视觉冲突，从而寓意某一特定含义。寓意的方式相对比较抽象，如在视觉画面上制造残缺来寓意矛盾和冲突，又如运用有序的装置来寓意一定的秩序或和谐关系等。

一个概念可以被称作一个"想法"或者设计师主观上对项目的"体会和理解"。在实践操作中，概念思考体现在设计的各个层面和步骤上，从总体方案的设计到细节设计所构成设计项目各个部分及其关系。在这一多层面有机的概念思考过程中应着重考虑如何掌握主次先后，如何能通过各种表达方式向客户传达思想、如何在细节中体现出连贯和精致等问题，以面对各种客户与场地的需求。

对概念的文化阐释能够加强设计的感染力，形成具有哲学含义的概念涉及美学、历史、社会、宗教等各个主要人文学科，具有广泛的涵盖面，思辨性较强等特征。例如，一个场地是否具有"精神性传承"的思考，即场地主体精神（传统风水里视为"气场"说，在古罗马称为"Genius Loci"）。设计师的职责就是在此发现和定义这一潜在的"精神"，并找出其中的特点和吸引所在，运用设计师必须具备的敏感性和专业能力通过各种形式来表达，从而释放场地特有的"精神"能量。

5.2　创造力

创造力本身是一个结果。在训练和学习过程中如何使自己的思维进入有创造力的思维模式，即创造性地去思考才是可以不断创造的源头。

在设计当中，绝大多数想法来源于对项目信息的收集和研究，前面几章已经把大部分前期信息收集并整理，同时已经列出"问题"以及可能性的清单。在这里需要注意的是当在思考这些要素的时候，应更多注意这些要素所引导出各种各样的可能，而不是专注于这些因素本身。思考需要转换成更加开放、愿意承担风险的态度。此时对未知的担忧、对失败的恐惧、急于求成的急躁、先入为主以及是否可行等思绪是主要的干扰因素。对这些干扰因素的克服可以通过以下步骤的尝试。

1. 设计应该是一个愉快的过程，轻松积极的心态完全可以体现在所做作品当中，任何与之相反的情绪完全无助于好的设计结果。所以，应尽量的寻找自己舒服的环境，一把舒适的椅子、适当的音乐对调整思绪都会对设计工作有很大帮助。

2. 以一个曾经熟悉的想法或者类似方案为基础来改进，看是否可以调整使其变得更好，或是更简单，或是更便宜，或是更有效，或是更美。设想那些现成的解决方案并非完美，让自己的想象力不断前进，接受那些可能看上去是奇怪的，不现实的，甚至不可能的想法，不断地问自己"如果是这样的话，会发生什么？"

3. 尝试改变和转换一个现成的形式或形态，尝试不同的设置方式，综合、缩小、扭曲、挤压、拧、折叠、压平、扩张、收缩等。

4. 接受不完整的设想和不完美的方案，这些"不成熟"的方案往往是成熟方案的起点。

5. 尽量能与同事或者其他人讨论和沟通想法，有时别人客观的见解可能会补充原来的想法，给出截然不同的思考角度，在某种程度上能极大的完善原先的想法。

6. 改变思考的角度，把原来的设想放在一边，重新选择一个方向，甚至从反方向进行思考，彻底变幻形态、颜色、机理等。

7. 当思维彻底受阻，实在无计可施的时候，学会停下来，去做别的有趣的事情或者休息，给自己设定一个时间，相信自己的潜意识会在那个时间段给出一个方向或者可能性，也就是说不必钻入牛角尖，学会在碰壁时绕开而不是陷入沮丧的情绪。当然，设计不能以这个方法为主，只能以此为辅助。

5.2.1　逆向思维

逆向思维模式：一种"不可理喻"的，"不合理"的思维。如何把看似不合理的事物联系起来，挑战常规、常态和习以为常。

下面简单举例来描述这一思维过程。

例：

"在庭院空间中设计一个有互动性的雕塑或者装置"

设想："有没有可能混合水与火（看上去不可行，违背常理的想法）？"

思考：火与水虽然概念上对立，但是否能转换成不同的形式，以非实体形式出现以化解实体概念上的对立？什么是互动？需要人能感受得到，从五感，即视、触、嗅、听、味着手看是否可以延伸下去。

延伸过程：

－如果加入石头来增加实体感会如何？

－是否可以再加入气味的元素？

－也许水元素可以用气体的形式，那么就需要水雾喷嘴的设置。

－气味与喷雾是联合还是分开？在哪里设置这个元素？可不可以把石头切开把喷雾元素设置其间？

－水雾是否可以在石头上凝结成水珠，成为触觉经验之一？

－是否可以用红色的光线来表达火元素？也许水雾可以反射灯光，又或许可以考虑用镭射光线。

实际操作：

以上一连串问题提出以后，经过思考给出相应的解答和回应，并以快速的手绘表达出各种可能。此时便需要考虑如何实现这些想法，研究相应的办法，审核可行性。随后便着手研究石材切割、水泵喷嘴、镭射光源、电路设置、支持和控制体统、造价等。

评价：

如果这个想法并没有在实际操作中实现，能表示这个想法的好坏优劣么？并非如此。这其中可能还有不少未解决的技术问题，或者客户并不赞同，或者项目造价有限等问题，然而未来总有机会实现这一想法。对想法的记录、评价和总结是极其重要的过程。任何一个设计想法都可能需要多个学科的支持和设计师的精力才有可能实现，绝非一蹴而就，对一个想法的深入研究和探讨无论是对设计思维还是设计项目都是至关重要的。在未来很可能重新用到同一个想法，或者以此受到启发而产生更好的想法都是完全可能的，如图5-17所示。

图5-17

5.2.2　随机联系思维

随机联系即运用相关词语来思考潜在的联系。在提出想法之后寻找类似的形态或者事物来相互联系。当根据设计要求提出设想之后进行联系性思考，对看上去不可行的设想进行原则性总结，主要关注于提炼各种原则特征，而后进行差异性比较，从而对应现有条件找出优劣势，最后，尽可能地在脑子里把设想视觉化、动态化。

例："寻找更好的方式来应对场地雨水排放问题"

设想：重新运用自然原本的处理方式

延伸思考：在多数场地上这一想法看似很不现实。排水管线一般在建筑建造之前已经铺设完毕，由地下排水管线和排水渠承担城市雨水排放功能，很多管线之上早已高楼林立，很难轻易移动，而且通常原来被认为一个成功的系统是很难被挑战的，况且挑战现有系统在工程技术上无疑也是相当困难。

然而，我们能从自然形态中找到怎样的原则特征呢？

－自然溪水有其自身的生物生态循环系统。

－水流缓急多种多样，它们可能消失也可能造成洪水泛滥。

－恢复自然形态会广泛影响城市的政治、经济、社会等条件。

自然形态和现代城市地下管线相比有什么样的区别和优势呢？

－自然流水在地上，可以被看见、听见、触碰到。

－自然流水看上去更符合自然生态，对现代城市居民更有吸引力。

－自然流水可以减缓雨水流动速度，而不是加速。

－自然流水可以帮助补充自然地下水系统。

－自然流水具有过滤水净化的作用。

这个设想的视觉印象是怎样的呢？

－自然河道。

－水塘和蜿蜒的沟渠。

－河堤与河岸。

－旱季干枯的溪流。

－与河道相对应的动物生态，如昆虫生态、水中鱼虾、空中飞鸟等。

－茂密植物在两岸生长。

－人与景观的互动（见图5-18，湿地景观需要形成生态自循环系统，即确保其可持续性）。

在这个思考过程中，尝试在各种想象之间建立联系，思考各种可能并判断其运用价值。概念的发展可以在此基础之上，通过进一步研究和资料收集上得以继续前进。例如，在欧美等国家，人们认识到重建自然径流可以大量减少城市污水排放，长远经济效益远大于继续扩建地下管线；有些城市通过研究和实践认为恢复自然地表河道导致的城市景观改变得到的社会效益远大于继续投资传统管道建设带来的社会效益。

图5-18　湿地景观需要形成生态自循环系统，即确保其可持续性

5.2.3　创造力的训练

创造性思维的训练的重要一环是学习如何挑战常规和常态，学会提出问题。

典型的提问方式有：

1. 观察那些我们在生活中已经习惯了的设置在形式上和功能上是否存在问题，是否有可能改善得更好？

2. 那些不被琢磨的细节是否有可能是另一种模样？

3. 是否可以重新定义某个我们习以为常的事物，使之适应一个新的用途？（见图5-19）

图5-19

　　这些微小的思考和改变都是创造力思维方式的训练。而思考的方向是如何使得设计更安全、更实用、更美、更有意义。在爱德华·迪波诺所著的《创造力系列》一书中强调，必须跳出事物原来的轨道提出"侧面的设想"。建立具有创造力的思维机制很大程度上在于我们怎样用思考来抵抗日常生活中那些轻易被我们接受的事物，跳出事物自身意义在另一个纬度观察，从而在一件事物上分出层次，在层次上找寻新的意义，将其刻意的与其他事物关联起来。这其中至关重要的是"设身处地想象"的能力。

5.3　设计草图

5.3.1　泡泡图

　　在各种分析以及概念思考之后需要用快速手绘来记录前后过程。在设计实践中这些功能要求可以用简单草图（泡泡图）勾绘加以快速表达和规划。泡泡图的特征是用最简单明确的形式以最快、最有效率的方式表达最大的设计信息量。使用各种最简单直接的形式如圆圈、直线、箭头、星号等。着重表达功能之间关联的明确性，在绘制草图时应该给出合理比例。如活动场所空间大小根据预期的人流量，那么停车场设计即需要给出合理的车位。将抽象的分析结论和设计主题在场地平面和立面中形象化是这一过程最主要的任务。以各种符号和简单形态来表达和转化设计师对项目整体或某一局部的理解。

　　符号可以分为四大类：动态线条和图形，静态线条和图形、曲线、点状图形等。动态线条可以明确表达机动车流线、步行路径、出入口、人流动向、视觉方向、风向、水流及各种动向等。第二类静态线条，包括折线、不规则线、粗细线等。静态线条可以直接描述屏障、墙体、噪声区、生态区、台地、密林边界以及各种灌木丛、护栏等。第三类包括各种曲线、圆形、弧形等。曲线形线条可以简单表示出功能分区以及不同活动区域。第四类点状图案，包括星形、交叉、点等。星形

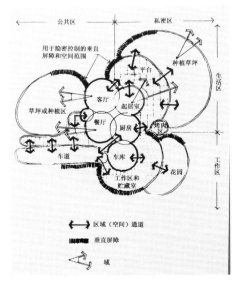

图5-20

图案可以明确标示出重要区域和节点，并可以直接在旁边作出注释（如图5-20所示）。

在这一步骤中，设计师必须保持图形的简单、清晰、明确，在绘制过程中能够快速调整各个功能的位置，避免进入过于细节的思考之中。线条的边界仅代表大致的区域边界，并非确切为止；箭头所表示的仅是交通流线方向，而不是确切通道的位置。把主要思考集中在优化各种不同功能在空间中的设置、解决区域划分问题、发展出合理高效的交通流线、最大限度地确定各种功能在空间中的位置和使用情况以及各功能之间的关系。在图面中同时需要清晰地形地貌的特征——气候条件、下沉、上升、斜坡、土坡、护堤等。泡泡图可以用在各种尺度的设计当中。

案例：社区活动中心庭园设计。

公共小型庭院设计通常有明确的功能要求，并会在设计之前的任务书以及与客户的沟通中，或在随后的信息收集与使用者调查中明确设计指导原则。例如：

–在场地中合理规划三个功能性建筑，以达到对环境生态最小化影响。

–规划至少一百辆停车容量的停车场。

–停车场的出入口尽量远离主要交通街道和路口。

–设置多条场地与周边区域的步行连接。

–设计放置一个多功能广场，可举行多项活动内容如表演、艺术展示、集会、休闲娱乐等。

–在各个区域中设置标识。

–设计中须包含大块草地以供使用者休息娱乐等功用。

以上设计要求或设计原则可以在基础平面图上用泡泡图快速表达出来。在此之前，首先需要场地现有情况的清单，包含所有场地基本信息，现有条件和要求并标注在基础平面图上；其次需要场地基本分析图，即设计师对这些基本信息和现有条件的感受和评判。使用半透明的拷贝纸覆盖在基础信息图与分析图之上进行泡泡的规划，这一方法有利于将现有条件和要求与基础分析综合起来，进行直观的考虑。

尽管注重实际实用功能是重要的设计基础，以功能研究作为概念设计的出发点也是一个主要的设计方法，但是在实践中仍要避免在设计思维上受其束缚，在设计中各个层面上的概念并非彻底对立或者互相排斥，懂得如何不受这种表面"对立"的限制，而以此为契机寻求新的角度则是设计成熟的标志，如图5-21和图5-22所示）。

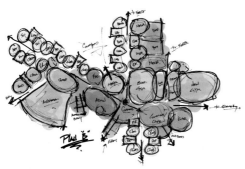

图5-21

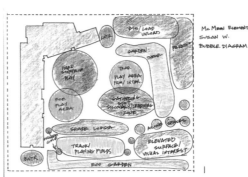

图5-22

5.3.2　概念草图的重叠整理

"泡泡图"是一种归纳总结所收集信息从而找寻和整理概念设计思路的一种方法。这是一种相对理性分析的思维方式。这一方式结合信息罗列，合并、梳理、整合、扩张等方法总结和归纳出设计要点，在最大程度上涵盖设计所需要涵盖的内容，并在总结之后形成完整和清晰的设计思路。由于这一方法可以处理较大信息量，分析整理过程比较繁复，层次较多，故而可用于场地情况较为复杂的项目，如坡地，场地内已有自然水系，建筑布局比较复杂等。"泡泡图"同时也是一种设计流程，通过分析归纳等方法一步步厘清设计思路，并通过上文所述的概念设计流程，从而形成一个有层次、方向明确的概念方案。

哲学层面和功能层面的概念在任何设计项目中都可能涵盖。如上文所述，之下又可分出不同的层级。思考中绘制草图必须探寻每一层级概念的最大可能性，如以故事性主题为出发点的概念，虽然需要与其他层面（功能等）建立关联，然而保持故事的流畅性和完整性是探寻过程中的首要问题，必须使得主题故事占据主导地位，随后再继续进行其他层面的探寻。进行功能性层面的探索时亦必须保证功能的实用性和流畅性。当多个层面的最大可能性在图纸上勾绘出来之后，便需要进行重叠整理。

将在同一平面图上按照同一比例绘制的概念草图进行叠加，设计师需要在这一过程中仔细判断细化概念的可行性，进行取舍。如步行流线的草图和故事描述性草图的重叠，发现其中流线行进方向、停留、聚集、循环等与故事之间的关系。这一系列重叠推敲的过程是设计过程中的重要一环，即作出一系列符合逻辑和场地及客户需求的决定，最终形成较为完整的，既符合场地现状要求、又有设计师独特见解的概念方案，并以此为起点进行下一步的概念细化。（见图5-23：左图为功能分析草图，中图为色彩主体概念草图，右图为叠加图）

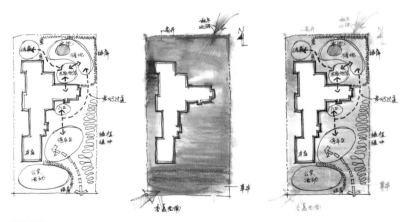

图5-23

这一叠加、决定过程同时又是一个动态的过程，任何决定在任何步骤上都有可能重新作出。掌控这一过程的两个方面首先是设计师对项目的整体理解和看法，其次是设计实践中积累的可实施性经验。

以上所有对概念设计类型及设计程序的讨论相互之间不具有排他性，而在很大程度上具有互补性。整体性的方案思考是所有设计程序的着眼点，在分类分层之后对每一条相关信息的搜索，处理和拓展都是对设计项目的认识过程，越是有逻辑与越是深层次的思考对设计越是有帮助，也更容易说服客户和使用者。由于景观庭院项目的特性，在实践中，与其说是在比拼设计结果是否好看、实用、造价成本低等，不如说是在较量概念背后的设计程序和设计方法论。

5.4 从概念到形式

在经过以上步骤，概念设计草图基本形成，以此为基础来拓展在空间中的具体的造性形态的设计，即概念设计之后的初步设计阶段，将概念具体化。

初步设计的程度：先不要急于细节的设计，如铺装的纹样，地被植物的具体名称，水景及小品的具体造型。

着重于形态的演变是转换概念设计草图到初步造形设计的重要手段。概念阶段图的线条、图形等仅仅是一种意向性示意图，对具体造性完全没有具体的限定性，具有各种形态发展的可能。其中包括以几何形态为主的发展；以自然形态为主的发展；以反常规形态为主的发展。使用前面已经成型的概念意向图，用半透明的硫酸纸覆盖，在意向图基础上推敲具体形态，如图5-24所示。

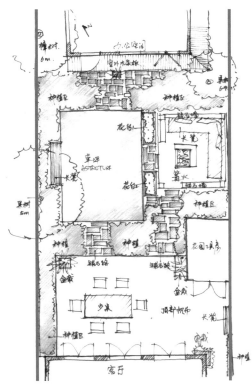

图5-24

5.4.1 几何形态为主的形态发展

几何形态在庭院设计中的运用最为普遍，一方面是对大多数建筑结构的呼应，另一方面在景观设计的传统中对几何形态的运用无处不在。几何形形态的基本形式即方形、三角形与圆形。其他类型的几何形态都是在这三个基本形态之上的发展或者是数理变形。其中包括：

1. 90°边角长方形主题

这一从方形演变出来的类型所适应的设计项目范围最为广泛，形态演变也最为简单多样。由于方形在美学意义上具有稳定、坚固、平和的基本特征，同时这一形态能够给各种风格元素提供拓展延伸的空间，并能较为直接地容纳各种功能和功能的重叠，在形式演变中无论是东方园林还是西方园林都有大量的运用，如图5-25所示。

2. 135°边角八角形主题

从直角等腰三角形演变出来；相对于90°边角主题比较正式的特

图5-25

征，135°边角主题显得更为灵活和轻松，打破方正的平衡和稳定，具有开放性，产生活力。空间内形成的135°和90°边角能产生一系列功能上和美学上的优势，135°边角的转折更容易设置空间中的功能，如过道、座椅等，形成更有趣味的功能组合。

在通过功能概念方案草图沿边的过程中出现45°边角是需要尽力避免的，小于90°的尖角既不实用，又会产生很负面感觉，空间中这种情况会显得坚硬而极不舒服，降低功能及功能之间的效率。这一主题需要注意产生的锐角转折，任何锐角在庭院中都需要特别注意甚至着力避免。无论从功能角度还是心理角度，锐角都可能带来不舒适的感觉，且日后的维护也会带来问题。在传统风水中，角度越小越尖锐，杀伤力亦越大，风水学视为禁忌。这一主题在东西方园林中也常常出现，如苏州园林中的折桥和西方花园传统中的几何拼接，如图5-26所示。

图5-26

3. 120°边角六边形

这一从等边三角形演变而来的角度主体可以看成六边形，也可延伸看作蜂窝壮平面规划。其所适应范围同样相当广泛，在美学上显示出既稳定又活跃的双重性，其变化也多种多样，适合在较为规矩的单调的场地中使用，并比较易于在此基础上综合功能的需求。这一形式在各个分隔空间的连接部分产生更多的趣味性，在现代景观庭院设计中相当常见。

4. 圆形主题

这一主题可能是最简单，最有效率，最有力量的一种模式。它既属于几何形态的一种，又属于自然形态。在空间中，圆形设计能产生与外界的最大连接面，最有效率的使用空间，其维合感显得稳定和安静。圆形的使用既可以重复与重叠，又可以与其他几何形态联合运用，同时可以与有机自然形态联合运用。其开放性是所有几何形态中最强的一个。在构成上，圆形既可以是一个形态，又可以是一个点，其构成的灵活性可以描述各种可能。

由于圆形这些丰富的特性和可能，我们可以在各种庭院景观中找到运用，几乎历史上所有风格，包括现代庭院设计中都可以找到其运用，如图5-27和图5-28所示。

图5-27

5. 其他几何形态

各种几何形态如八角形、半圆、三角形等都是基本几何形的演变。纯几何形的设计有其自身的原则，即几何原则。在设计中应使用一种主体并尽量保持其主体性和完整性。另一原则是根据场地特性和功能概念选择适合的主体。场地特性主要依靠建筑立面的特征形式，功能特性主要看人群密集程度和使用方式。当然以上任何一种形态都可能满足各种需求，没有绝对性，如图5-29所示。

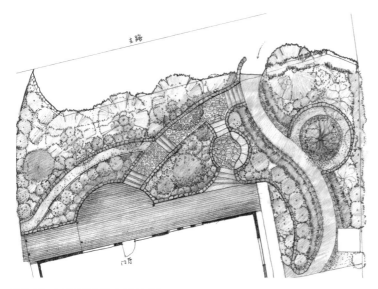

图5-28 圆形主体在平面布局上的运用

图5-29 各种圆形、椭圆、弧线的应用

5.4.2 自然有机形态为主的形态发展

毋庸置疑，自然是景观设计的源泉。自然形态中的不规则和规则都是相对的，在庭院设计中的自然形态必须是对自然的一种人为模拟，相对于几何形态而言，它是一种更接近自然的自由形式组合，从而适应规定的功能和概念需求。在城市化单调的网格状规划背景之下，自然形态的设计往往可以轻而易举的打破场地条件的呆板，适应客户通常的需求。对自然形态的造性提取来自各个方面和各个角落，任何一个提炼的形态都有其在自然中的来源，包括河流山川、山石冰川、冻原雨林、材料肌理、动物植物等，提炼手段包括整理、变形、放大、缩小、堆积、聚集、重复、转换、连续等，美学层面包括对抗、冲突、协调、和谐等方面。这些方面和手段在东西方园林发展历史上都出现过，在某些方面几近极致，如西方自然主义园林力求最小化修饰，不断地在设计中做加法和减法；在东方园林设计中追求美学意境上的极致，不是自然胜似自然的美，以及其开放的运用各种手段来达到美学和哲学需求。

无论采用何种方式模拟自然形态，最终依然是为概念及功能需求服务。由于没有数理几何的规范性，追求形态的在动静中的和谐便成为自然形态设计的核心目标。在美学上对比中的稳定如动与静、大与小、密与疏、深与浅、浓与淡、急与缓、曲与直等。这一系列的平衡必须在总体上达到和谐，并最终满足各种功能在空间和生态中的需求。在构成学上，如与平面构成的协调性一样重要，一个平面规划线条上不美的设计，扩展到空间中也不可能得到修正。

1. 有机形式边界

不规则曲线的运用在模拟自然中使用最为广泛，作为一个基本造型元素。其来源可以参考自然中任意一种形式，几乎所有大自然中的边界都是有机形，而且几乎每一种自然材料在随机的演变和互相交接时都表现出有机的边界形式。借用自然有机的边界形式，如河流山川、树枝枝叶、自然河岸、碎石边缘、落叶、海滩及动物形态等。这些形态在自然中都处在其特定的环境系统之中，尤其形成原因或特定功能都有其内在的原理，在模仿和提取某一形态的时候应对其所在系统加以思考，判断其内在的合理性，如河流蜿蜒的形态往往源自于水流速度与质地构造的因素，从而在两岸之间形成的植被形态也因此有所不同，冲积河滩通常在河流转弯内圆，腐蚀则出现在外缘等现象。这些细节往往给予设计更多的提示和意义，使得设计不仅是表面造性形式上的模仿，而是在深层细节上也支持形式本身，如图5-30所示。

图5-30 有机形式边界：花园分区无明确边界线以弱化几何线条带来的生硬感

2. 折线

折线在自然中可以从树枝树干、山石裂缝等形态中获取。较为接近几何形态中135°边角的形式。如在平面布局上运用折线应注意折线的角度，避免出现锐角折线产生突兀感，在空间上尖锐角度也不利于使用并在景观维护上难度较大；其次应注意折线的连贯性和方向性。折线在庭院中多表现在路径和家具的形式中，如图5-31所示。

3. 不规则多边形

在自然中不规则多边形随处可见，干枯的河床裂缝、斑剥的岩石、树叶树皮的纹路等。在庭院设计中的运用通常出现在硬地铺装、花坛、游泳池中。这一形式容易营造出强烈对比和冲突，既有非正式、随意的感觉又相对紧凑有节奏性。在平面规划上使用应注意整体的平衡和造型的随机性，避免简单重复。

广义上理解，自然有机形态远不仅以上几种归纳的形态。山石水体、花草动物等一切自然形态和材料都可以在其中寻找美的元素。在提取过程中注重哲学、文化、地域等

图5-31　各种不规则形态的应用

抽象概念在具象上的表现，如在庭院中的人造自然要求设计师具有较强的形态提取能力。在对比中寻找局部与整体的平衡是这一思路的根本点。

5.5　实际项目案例参考

项目介绍：

此项目为北京机场某独栋别墅样板庭院设计。庭院占地面积约2000m^2，地势南低北高，高差约3m。庭院的北端有现存年龄约30年的杨树林，需保存。甲方要求避免常规设计手法及平淡方案，巧妙处理高差，提高庭院实用性的同时，利用景观设计手法扩大庭院尺度，如图5-32～图5-34所示。

设计过程：

1. 整理现状材料：主要是现状图纸、建筑的风格、甲方设计任务书等。

2. 用吹泡图分析功能分区后，在拷贝纸上构思初步设计方案。构思平面的同时绘制立面或透视的草图。本案的解决方案是：将阳光房融入地形中，屋顶覆盖绿化，增加了实际使用空间，庭院分成上下两个层次，扩大了空间感。

3. 调整方案。针对一次方案的问题，如空间过于琐碎、形态拘谨等进行调整，逐步完成功能与形式的统一。本案的"终稿"也仍是修改过程稿。只有通过不断的修改才能找到成熟的解决方案。

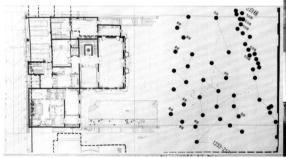

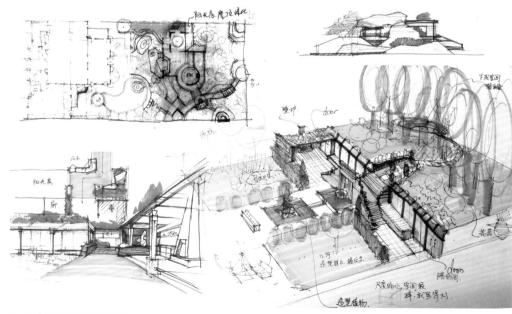

图5-32　设计项目条件及前期草图

设计场地条件

图5-33　调整过程中的方案平面与立面

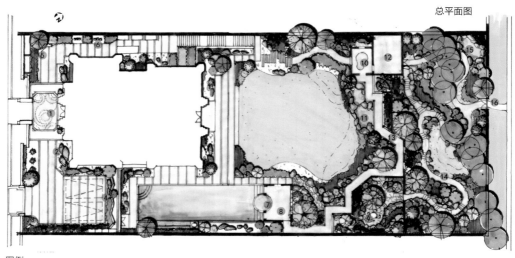

总平面图

图例:

1. 入口特色铺装　3. 趣味水景　5. 户外休息座椅　7. 儿童嬉水池　9. 石林小院　11. 莲锂池　13. 折廊
2. 素砂置石小景　4. 种植屏组　6. 艺术陈设品　8. BBQ休闲亭　10. 儿童沙坑　12. 阳光花房　14. 曲径

功能与交通分析

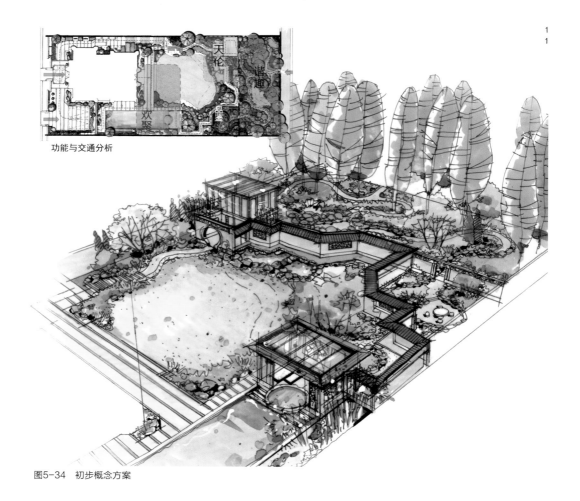

图5-34　初步概念方案

第6章
图纸表达

本章课程概述

　　了解庭院景观设计图纸的主要内容和表达方法。能够正确地绘制各个部分的设计图纸，造型严谨，表达准确清晰。这个阶段的图纸可以使用电脑绘制，也可以手绘。注意在电脑绘制细部图纸的时候，教师应引导学生避免直接调入模型修改，而要坚持自行绘制，才能培养良好的细节设计能力。

　　当初步的概念设计完成后，需要将设计中的各种元素落实到场地中去，就需要对概念设计的图纸进行细化，深入分析庭院场地的细节关系。概念扩初设计是介于概念设计和施工图设计的中间环节，以表现庭院景观的造型、材料、肌理、比例等视觉要素为主。

本章教学目标

　　了解庭院景观的图纸表达方式；掌握总平面图、平面图、竖向设计图、剖立面图、局部立面图的绘制；理解其他图纸的表达。

本章教学重点

　　重点掌握庭院景观设计的平面图、剖立面图、竖向设计图和剖立面图、局部大样图的绘制，包括表达内容与规范、线形、比例与尺度等。

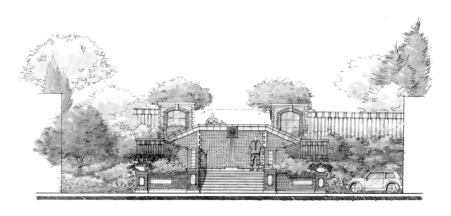

6.1 平面图纸

6.1.1 平面图

扩初设计的平面图一般是彩色平面图的形式，包含了场地所有的物体的较为概括的包括造型、色彩、材质等信息。平面图一般应当绘制出物体的投影。

庭院设计总平面图：总平面图是表明场地总体布置情况的图纸。它是在建设基地的地形图上，把已有的、新建的和拟建的建筑物、构筑物以及道路、绿化等按与地形图同样比例绘制出来的平面图。

总平面图包含的内容有：指北针、标题栏（图名、比例、绘制者等）、设计说明、图例表（说明图中一些自定义的图例所对应的含义），用地周边环境、设计红线、构筑物、园路的中心线位置、主要的出入口、山丘与水池（水体用两条线表示，驳岸线用最粗线，水面线用细线）、植物（只需区分出针叶、阔叶、常绿、落叶、灌木、绿篱、花卉、草坪、水生植物）。以上类别也可以分开在多张平面图中绘制，如图6-1~图6-4所示。

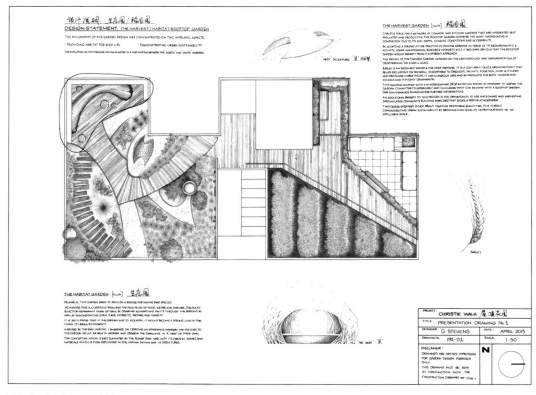

图6-1　彩色平面图绘制之一

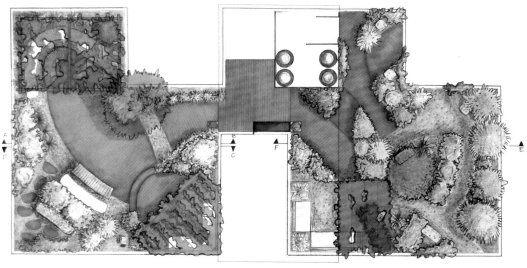

图6-2 彩色平面图绘制之二，绘图应能清晰表达平面视角中的比例尺度、材料植被等，尽可能接近真实

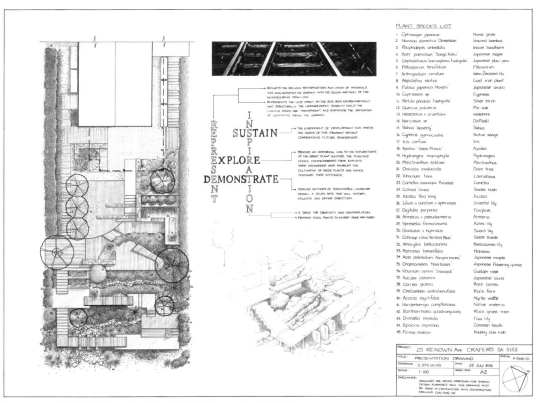

图6-3 彩色平面图绘制之三（平面图、设计概念说明、植物配置清单）

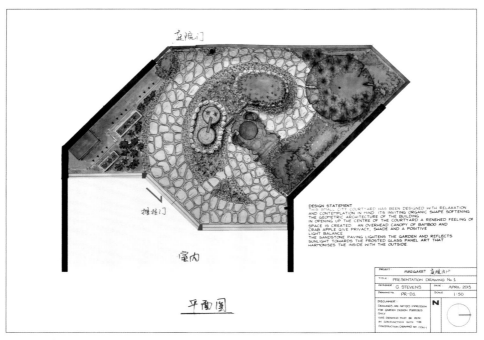

图6-4　彩色平面图绘制之四

　　庭院建筑平面图：是表现建筑的内部与周边环境关系，假想在建筑的窗台以上作水平剖切后，移去上面部分作剩余部分的正投影而得到的水平剖面图。着重体现构筑物与铺装、种植等空间功能关系，如图6-5～图6-7所示。

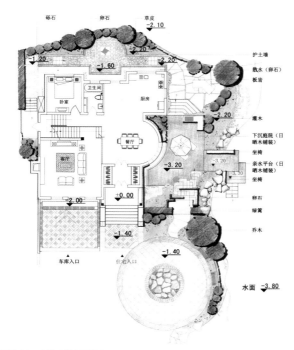

图6-5　庭院建筑平面图

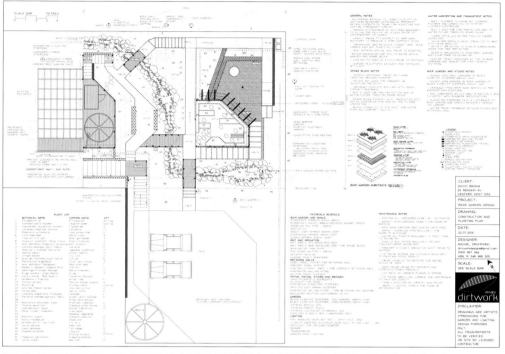

图6-6 庭院建筑平面图，施工总平面图中应包括主要结构尺寸、材料说明、施工说明、局部结构说明等内容

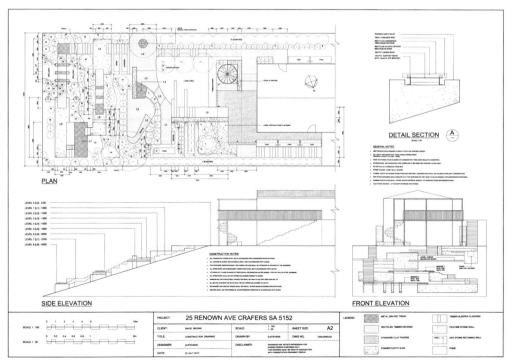

图6-7 庭院建筑平面图，应包括主要地形竖向图，主要设计结构等

表格：平面图中的树冠直径　　　　　　　　　　　　　　　（单位：m）

树种	高大乔木	中小乔木	孤立树	常绿大乔木	锥形幼树	花灌木	绿篱
冠径	5～10	3～7	10～15	4～8	2～3	1～3	0.5～1.5

注：花灌木、竹子和地被表示出整体的范围形状和面积大小，不需标出种植点。

6.1.2　竖向设计图

竖向设计图也叫地形设计图，是根据设计平面图及原地形图绘制的地形详图，它借助标注高程的方法，表示地形在竖直方向上的变化情况，是施工土方调配和预算的主要依据。

竖向设计图主要表达地形地貌、建筑、园林植物和道路等各个要素的坡度与构成内容，如道路的主要转折点、交叉点和变坡点的标高及纵坡坡度，各景点的控制标高，建筑物的控制标高，水体、山石、道路和出入口的设计高程及地形现状等。还需要绘制比例、指北针、注写标题栏、技术要求等。场地的整体地形主要由等高线表示。通常根据地形，选定等高距，用细实线绘制设计地形等高线，用细虚线绘出原地形等高线，线上标注出高程。高程单位为米，要求保留两位小数。

等高线的性质特点主要是：

① 在同一根等高线上的所有点其高程相同。

② 每一根等高线均为闭合的。

③ 等高线的水平间距的大小表示地形的缓与陡，等高线间距小，线密则陡，等高线间距大，线稀疏则缓。

④ 等高线在图纸上不能直穿、横过河谷、堤岸和道路。

⑤ 等高线一般不相交、不重叠。

对于水体，用特粗实线表示水体边界线（驳岸线）。需标注水底高程：标高符号下面加画短横线和45°斜线表示水底。平面图中的建筑、山石、道路、广场等位置按照外形水平投影轮廓绘制到地形设计图中，其中建筑用中实线，山石用粗实线，广场道路用细实线。建筑应标注室内地坪高，山体置石雕塑等标注最高部分，道路高程标注在交汇、转向、变坡处，标注方式为：标注位置用圆点表示，后跟高程数字。另外根据坡度，可用单箭头在平面图上标注雨水排水方向。斜坡也可用单箭头表示，如图6-8所示。

图6-8　景观庭院竖向图与剖面图是对应的，可以根据等高线绘制出场地的立面或剖面效果

6.1.3　种植设计图

主要表现种植设计的平面图纸。建筑物、道路等信息仅仅用轮廓线表示即可，着重表达植物的种类、数量、种植关系等。种植设计包含的内容主要有：

一是种植设计。乔木和灌木标注出种植点和冠幅，同种类的植物应当用细线连接，蔓生和成片的植物应当用细线绘制边缘和面积。二是种植设计的苗木表。绘制不同植物的图例、名称、拉丁文名称、大小、数量。三是比例、指北针、图签等标识。如图6-9、图6-10所示。

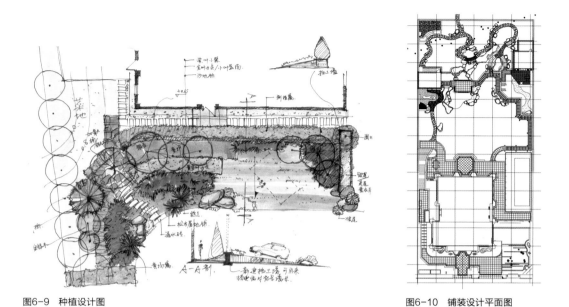

图6-9　种植设计图

图6-10　铺装设计平面图

6.1.4　铺装与照明，小品平面设计图

在平面图的基础上省略其他信息，着重表现铺装的样式、小品和设施的位置以及照明灯具的位置的图纸，是说明性的图纸，可单色表现，如图6-11所示。

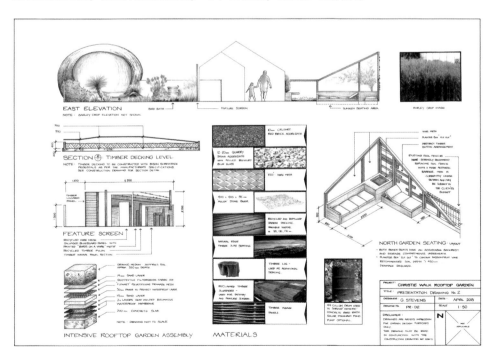

图6-11　在平面基础上对植物配置和相关结构的进一步描述

6.2 庭院剖立面的绘制

6.2.1 剖立面图

剖面图是假定用一个垂直于地平面的面将庭院剖开所得到的投影图。剖面图根据剖切符号的表示，有相反方向的两张；立面图沿某个方向只能做出一个，如图6-12所示。剖面图的作用是：一、在纸上尝试和检验不同的空间构成；二、作为平面图的补充图纸，显示在平面上不够直观的竖向高程关系。

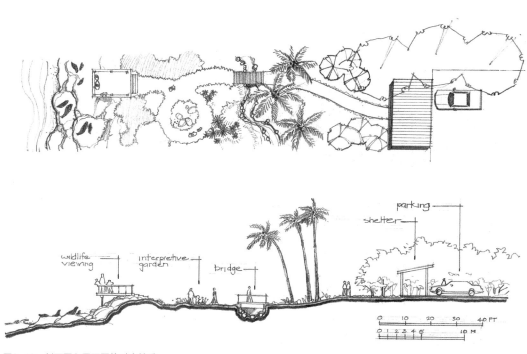

图6-12　剖面图和平面图的对应关系

地形在立面和剖面图中用地形剖断线和轮廓线表示，用最粗线。

水面用水位线表示。

树木应当描绘出明确的树形。

构筑物用建筑制图的方式表示出来。

在一般的庭院设计中，需要绘制东西向和南北向的剖立面图，以表示出整个场地的变化状况。在局部有地形变化的场地，如设计了喷泉水景或微地形，需要绘制局部的剖面图。需注意，要在平面图纸上标注出剖切符号的位置和方向。剖立面图也是标注了尺寸和比例的，如图6-13所示。

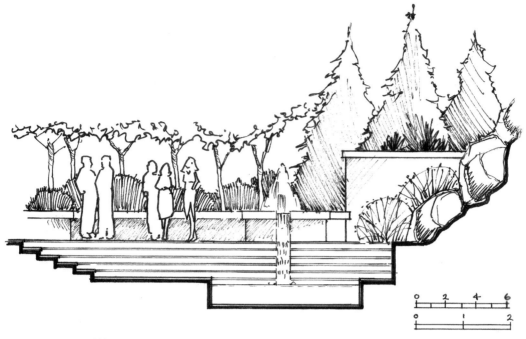

图6-13　典型剖面图绘制

6.2.2　局部立面

　　庭院的建筑物和构架小品等比较复杂或精彩时，需要绘制局部的立面。不同于剖立面着重表现地形和高差，立面图主要表现构筑物之间的关系、设计风格样式、尺寸、材料、色彩等。局部立面可以不在平面上标注剖切符号，只需标注如"建筑南立面"，如图6-14所示。

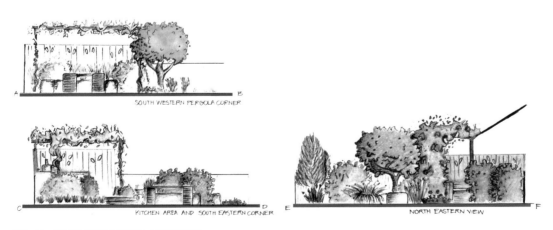

图6-14　用局部立面来表现设计中的重要部分

6.3　绘制节点大样（尺寸、比例、材质等）

　　节点大样图纸主要指庭院构筑物、铺地设计、山石与水体设计、家具的设计细节，应当交代结构、尺寸、材料、色彩、加工工艺等。大样图越完善，后期的施工图的质量也越高。

庭院的构筑物以轻型材料为主，结构较为简单。凉亭等2m以上的构筑物需要设计柱基。构筑物的扩初图纸应当以三视图的形式表现，标注色彩、材料、尺寸和主要结构部件，如图6-,5所示。

铺地节点图主要表达庭院道路或者活动空间地面铺装的简明结构和铺装图案，由于尺度较小，应当从平面图中分区域索引出，一般用较大的比例，如1：10或1：20，分为平面和剖立面图两种。铺装平面图着重体现庭院地面局部的图形，砖块或石板的尺寸、拼接方式、颜色和质感等。花街铺地或有图案的设计着重表现大样造型。

庭院的地面立面图主要表现地面铺装的层次，一般包括：面层、结合层、基层、路基等。有台阶或者坡道也应表达出高差变化的关系。简单来说，铺装工艺分为基层和面层两大部分。在不同气候环境下，对铺装的基层做法要求有区别。铺装的视觉感官效果主要取决于面层的做法。现例举常见的铺地做法：

花街铺地：中国传统园林的铺地做法。先将素土夯实，上面铺设5~15cm厚的煤屑、砂、碎砖和灰土混合物，最后铺设面层材料。铺设面层时，"先用侧放的小板砖及瓦片组成精美的图案轮廓，然后嵌入卵石、碎瓦兼做图案式的填充，再用水泥砂浆注入稳定，精工细作，图案变化繁多而精美；有的就用各种粒径的多色卵石和角料配砌成地纹，再用干拌的水泥加细沙填充缝隙，然后撒水，让其混合固结"。散石铺地或枯山水的做法是：选择瓜子大小的单色或多色小砾石，倒入路基基槽中耙平或耙出波纹即可。

庭院设计中微型山石和水体也需要绘制比较详细的设计图纸。假山是东方庭院中特有的造型要素。根据建造方式，分为土山（土包石），石山（石包土）。零星点缀的山石称作置石。由于山石的造型是自然有机的，所以设计的扩初图纸需要表现山石的平面和四个方向的立面。山石的平面图表现石块的布置和周围的地形关系。山石的轮廓应当用最粗线勾出，石头表面的肌理和造型等用细线画出。立面图应反映出峰、峦、洞、壑的位置与造型。

庭院水景的扩初图纸也包括平面和剖面两部分。平面图表现水体的形状位置、驳岸的处理方式，包括水生植物的种植位置等。应用等高线的形式画出池底的大致形态，标出池底、常水位和水岸线的高度。岸线用特粗实线表示，水体轮廓线用细线表示。如果有池底照明或喷泉，也需要标出位置。水池的剖面详图主要表现水池的构造方式，是刚性池底还是柔性池底。标注出基层、防水层和表面层，驳岸处理的造型和关系，简单的水循环系统等。

庭院家具的节点图纸应绘制顶面、正立面和左立面或右立面的三视图，带有装饰细节的部分。应当用大样图表示出来。有复杂曲线的图案可以放线绘制。组合桌椅家具等应当绘制聚合及分置状态的示意图。室外烧烤台火炉等由厂家根据设计要求的尺寸和形状定制，所以设计师主要提供烧烤台、水池等的整体造型和色彩、尺寸、材料即可，如图6-15所示。

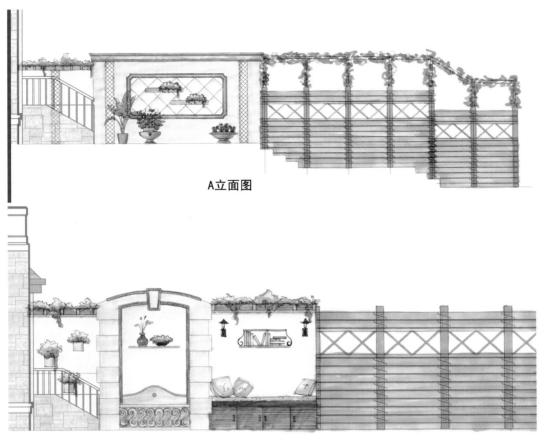

A立面图

B立面图

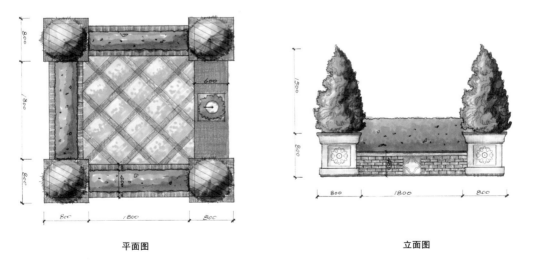

平面图　　　　　　　　　　立面图

图6-15　局部结构平面和立面图

附录　华北地区常见植物与铺装材料

图例
喜光　不耐水湿
耐阴　耐旱
喜阴　喜湿

常绿乔木 常绿针叶乔木

落叶乔木 落叶针叶乔木

落叶乔木 落叶阔叶乔木

辽东冷杉（Abies Holophylla）科属名称：松科，冷杉属
红皮云杉（Picea Koraiensis）科属名称：松科，云杉属
白杆（Picea Meyeri）科属名称：松科，云杉属
青杆（Picea Wilsonii）科属名称：松科，云杉属

雪松（Cedrus Deodara）科属名称：松科，雪松属
油松（Pinus Tabulaeformis）科属名称：松科，松属
白皮松（Pinus Bungeana）科属名称：松科，松属
侧柏（Pinus Koraiensis）科属名称：柏科，侧柏属

圆柏（Sabina Chinensis）科属名称：柏科，圆柏属
华北落叶松（Larix Principis-rupprechtii）科属名称：松科，落叶松属
水杉（Metasequoia Glyptostroboides）科属名称：杉科，水杉属
银杏（Ginkgo Biloba）科属名称：银杏科，银杏属

玉兰（Magnolia Denudata）科属名称：木兰科，木兰属
紫玉兰（Magnolia Liliiflora）科属名称：木兰科，木兰属
悬铃木（Platanus Acerifolia）科属名称：悬铃木科，悬铃木属
榆树（Ulmus Pumila）科属名称：榆科，榆属

桑（Morus Alba）科属名称：桑科，桑属
构树（Broussonetia Papyrifera）科属名称：桑科，构树属
胡桃（Juglans Regia）科属名称：胡桃科，胡桃属
枫杨（Pterocarya Stenoptera）科属名称：胡桃科，山核桃属

栓皮栎（Quercus Variabilis）科属名称：山毛榉科，栎属
麻栎（Quercus Acutissima）科属名称：山毛榉科，栎属
白桦（Betula Platyphylla）科属名称：桦木科，桦木属
糠椴（Tilia Mandschurica）科属名称：椴树科，椴树属

蒙椴（Tilia Mongolica）
科属名称：椴树科，椴树属

垂柳（Salix Babylonica）
科属名称：杨柳科，柳属

柿树（Diospyros Kaki）
科属名称：柿树科，柿属

君迁子（Diospyros Lotus）
科属名称：柿树科，柿属

紫叶李（Prunus Ceraifera）
科属名称：蔷薇科，李亚科，李属

山杏（Prunus Armeniaca）
科属名称：蔷薇科，李亚科，李属

梅（Prunus Mume）
科属名称：蔷薇科，李亚科，李属

桃（Prunus Persica）
科属名称：蔷薇科，李亚科，李属

山桃（Prunus Davidiana）
科属名称：蔷薇科，李亚科，李属

樱花（Prunus Serrulata）
科属名称：蔷薇科，李亚科，李属

山桃稠李（Prunus Maackii）
科属名称：蔷薇科，李亚科，李属

山楂（Crataegus Pinnatifida）
科属名称：蔷薇科，苹果亚科，山楂属

西府海棠（Malus Spectabilis）
科属名称：蔷薇科，苹果亚科，苹果属

杜梨（Pyrus Betulaefolia）
科属名称：蔷薇科，苹果亚科，梨属

合欢（Albizia Julibrissin）
科属名称：豆科，含羞草亚科，合欢属

槐树（Sophora Japonica）
科属名称：豆科，蝶形花亚科，槐属

刺槐（Robinia Pseudoacacia）
科属名称：豆科，蝶形花亚科，刺槐属

丝锦木（Euonymus Bungeanus）
科属名称：卫矛科，卫矛属

枣（Zizyphus Jujuba）
科属名称：鼠李科，枣属

栾树（Koelreuteria Paniculata）
科属名称：无患子科，栾树属

元宝枫（Acer Truncatum）
科属名称：槭树科，槭树属

臭椿（Ailanthus Altissima）
科属名称：苦木科，臭椿属

香椿（Toona Sinensis）
科属名称：楝科 香椿属

白蜡（Fraxinus Chinensis）
科属名称：木犀科，白蜡属

常绿灌木 常绿针叶灌木

常绿阔叶灌木

落叶灌木 落叶灌木或小乔

落叶中小灌木

铺地柏（Sabina procumbens）
科属名称：柏科，圆柏属

沙地柏（Sabina vulgaris）
科属名称：柏科，圆柏属

翠蓝柏（Sabina squamata）
科属名称：柏科，圆柏属

矮紫杉（Taxus cuspidata）
科属名称：红豆杉科，红豆杉属

叶子花（Bougainvillea Spectabilis）
科属名称：紫茉莉科，叶子花属

冬青卫矛（Euonymus Japonicus）
科属名称：卫矛科，卫矛属

小叶女贞（Ligustrum Quihoui）
科属名称：木樨科，女贞属

金叶女贞（Ligustrum Vicaryi）
科属名称：木樨科，女贞属

木槿（Hibiscus Syriacus）
科属名称：锦葵科，木槿属

黄栌（Cotinus Coggygria）
科属名称：槭树科，黄栌属

石榴（Punica Granatum）
科属名称：石榴科，石榴属

紫薇（Lagerstroemia Indica）
科属名称：千屈莱科，紫薇属

紫丁香（Syringa Oblata）
科属名称：木犀科，丁香属

金银木（Lonicera Maackii）
科属名称：忍冬科，忍冬属

接骨木（Sambucus Willamsi）
科属名称：忍冬科，接骨木属

腊梅（Chimonanthus Praecox）
科属名称：腊梅科，腊梅属

小檗（Berberis Thunbergii）
科属名称：小檗科，小檗属

牡丹（Paeonia Suffruticosa）
科属名称：芍药科，芍药属

迎红杜鹃（Rhododendron Mucro-nulatum）
科属名称：杜鹃花科，杜鹃花属

柳叶绣线菊（Spiraea Salicifolia）
科属名称：蔷薇科，绣线菊亚科，绣线菊属

珍珠梅（Sorbaria Kirilowii）
科属名称：蔷薇科，绣线菊亚科，珍珠梅属

月季（Rosa Chinensis）
科属名称：蔷薇科，蔷薇亚科，蔷薇属

玫瑰（Rosa Rugosa）
科属名称：蔷薇科，蔷薇亚科，蔷薇属

黄刺玫（Rosa Xanthina）
科属名称：蔷薇科，蔷薇亚科，蔷薇属

棣棠（Kerria Japonica）
科属名称：蔷薇科，蔷薇亚科，棣棠属

榆叶梅（Amygdalus Triloba）
科属名称：蔷薇科，李亚科，李属

毛樱桃（Cerasus Tomentosa）
科属名称：蔷薇科，李亚科，李属

贴梗海棠（Chaenomeles Speciosa）
科属名称：蔷薇科，苹果亚科，木瓜属

紫荆（Cercis Chinensis）
科属名称：豆科，苏木亚科，紫荆属

紫穗槐（Amorpha Fruticosa）
科属名称：豆科，蝶形花亚科，紫穗槐属

红端木（Cornus Alba）
科属名称：山茱萸科，夹木属

迎春（Jasminum Nudiflorum）
科属名称：木樨科，茉莉属

连翘（Forsythia Suspense）
科属名称：木樨科，连翘属

小叶丁香（Sytinga Microphyla）
科属名称：木樨科，丁香属

草本花卉 一、二年草本花卉

紫茉莉（Mirabilis Jalapa）
科属名称：紫茉莉科，紫茉莉属

三色堇（Viola Tricolor）
科属名称：堇菜科，堇菜属

二月兰（Orychophragmus Violaceus）
科属名称：十字花科，诸葛菜属

一串红（Salvia Splendens）
科属名称：唇形花科，鼠尾草属

彩叶草（Coleus Scutellarioides）
科属名称：唇形花科，鞘蕊花属

金鱼草（Antirrhinum Majus）
科属名称：玄参科，金鱼草属

翠菊（Callistephus Chinensis）
科属名称：菊科，翠菊属

麦秆菊（Helichrysum Bracteatum）
科属名称：菊科，腊菊属

百日草（Zinnia Elegans）
科属名称：菊科，百日菊属

孔雀草（Tagetes Patula）
科属名称：菊科，万寿菊属

矢车菊（Centaurea Cyanus）
科属名称：菊科，矢车菊属

多年生草本花卉 宿根花卉

大花飞燕草（Delphinium Grandiflorum）
科属名称：毛茛科，翠雀花属

芍药（Paeonia Liliflora）
科属名称：毛茛科，芍药属

芙蓉葵（Hibiscus Moscheutos）
科属名称：锦葵科，木槿属

紫花地丁（Viola Philippica Car.）
科属名称：堇菜科，堇菜属

落新妇（Astilbe Chinensis Franch.etSav）
科属名称：虎耳草科，落新妇属

小冠花（Coronilla Varia）
科属名称：豆科，小冠花属

玉簪（Hosta Plantaginea）
科属名称：百合科，玉簪属

球根海棠（Begonia Tuberhybriada）
科属名称：秋海棠科，秋海棠属

大丽花（Dahlia Pinnata）
科属名称：菊科，大丽花属

水仙（Narcissus Tazetta var Chinensis）
科属名称：百合科，水仙属

晚香玉（Polianthes Tuberosa）
科属名称：百合科，晚香玉属

荷花（Nelumbo Nucifera）
科属名称：莲科，莲属

千屈菜（Herb Lythrum Salicaria）
科属名称：千屈菜科，千屈菜属

花叶芦竹（Arundo Donax var. Versicolor）
科属名称：禾本科，芦竹属

芦苇（Phragmites Communis）
科属名称：禾本科，芦苇属

香蒲（Thpha Orientails Presl）
科属名称：香蒲科，香蒲属

王莲（Victoria Regia）
科属名称：睡莲科，王莲属

睡莲（Nymphaea Tetragona）
科属名称：睡莲科，睡莲属

凤眼莲（Eichhornia Crassipes）
科属名称：雨久花科，凤眼莲属

银莲花（Anemone Cathayensis）
科属名称：毛茛科，银莲花属

八宝景天（Sedum Spectabile）
科属名称：景天科，景天属

宿根亚麻（Linum Perenne）
科属名称：亚麻科，亚麻属

金银花（Lonicera Japonica）
科属名称：忍冬科，忍冬属

藤本月季（Clematis Florida Thunb）
科属名称：蔷薇科，蔷薇亚科，蔷薇属

紫藤（Actinidia Chinensis）
科属名称：豆科

南蛇藤（Celastrus Orbiculatus）
科属名称：卫矛科，南蛇藤属

葡萄（Vitis Vinifera）
科属名称：葡萄科，葡萄属

球根花卉

水生花卉

岩生植物

落叶木质藤本

藤本植物

爬山虎（Partenocissus Tricuspidata）
科属名称：葡萄科，爬山虎属

牵牛花（Pharhiris Nil Qianniuhua）
科属名称：旋花科，牵牛属

茑萝（Quamoclit Pennata
(Desr.)Bojer）
科属名称：旋花科，茑萝属

紫竹（Phyllostachys Nigra）
科属名称：禾本科，竹亚科，刚竹属

草质藤本

竹类

早园竹（Phyllostachys Propinqua）
科属名称：禾本科，竹亚科，刚竹属

结缕草（Zoysia Japonica）
科属名称：莎草科，结缕草属

狼尾草（Pennisetum Alopecuroides）
科属名称：禾本科，狼尾草属

草地早熟禾（Poa Pretensis）
科属名称：禾本科，早熟禾属

观赏草

野牛草（Buchloe Dactyloides）
科属名称：禾本科，野牛草属

铁线蕨（Adiantum Capillus-eneris）
科属名称：铁线蕨科，铁线蕨属

荚果蕨（Matteuccia Struthiopteris）
科属名称：球子蕨科，荚果蕨属

蕨类植物

花岗石

花岗岩火烧面

花岗岩抛光面

花岗岩斧剁面

花岗岩荔枝面

花岗岩菠萝面

花岗岩蘑菇面

花岗岩磨光拉丝面

烧结砖

烧结砖

烧结砖

烧结砖

陶瓷瓷砖

陶瓷瓷砖

陶瓷瓷砖

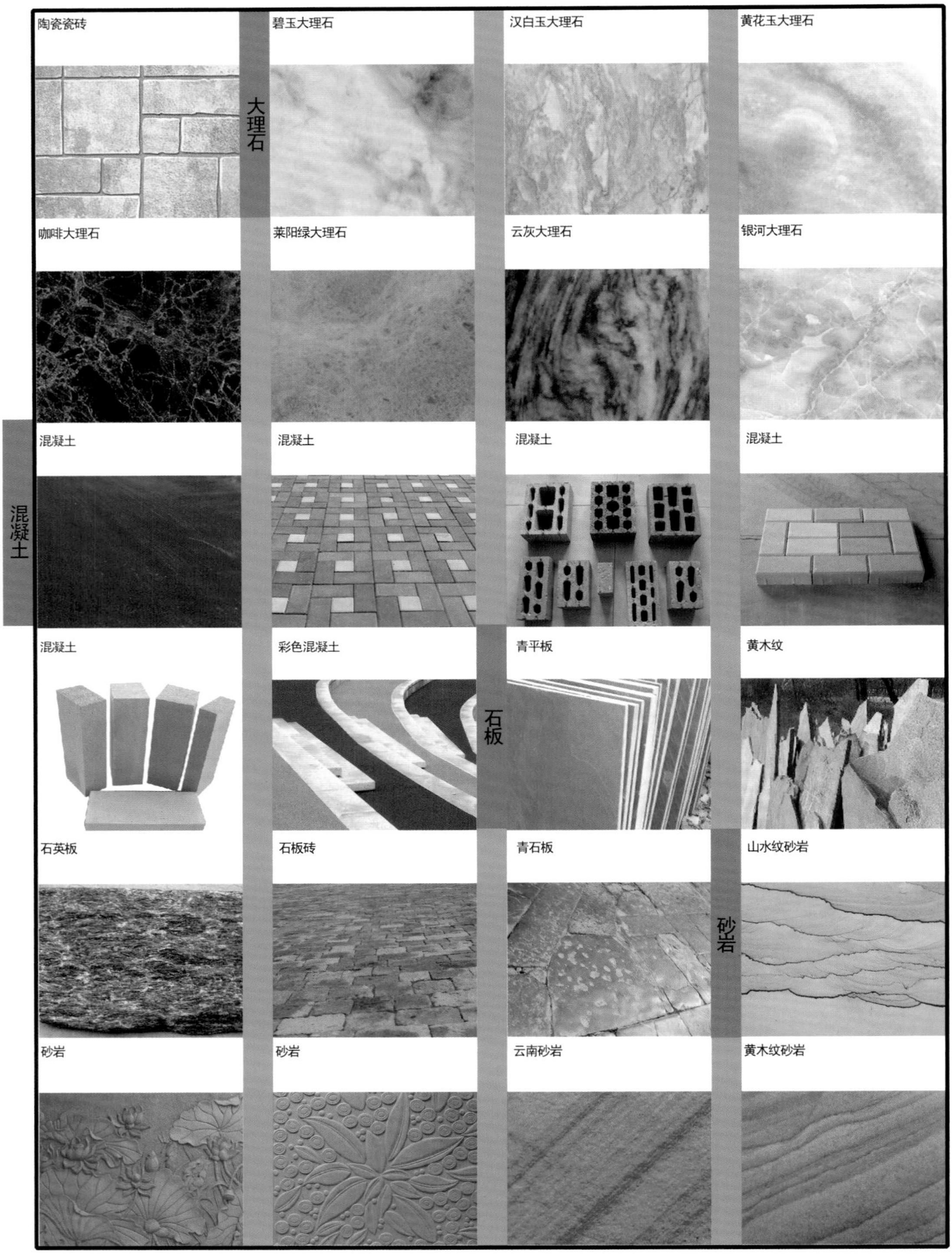

陶瓷瓷砖

碧玉大理石

汉白玉大理石

黄花玉大理石

大理石

咖啡大理石

莱阳绿大理石

云灰大理石

银河大理石

混凝土

混凝土

混凝土

混凝土

混凝土

混凝土

彩色混凝土

青平板

黄木纹

石板

石英板

石板砖

青石板

山水纹砂岩

砂岩

砂岩

砂岩

云南砂岩

黄木纹砂岩

鹅卵石、沙砾

鹅卵石

鹅卵石

鹅卵石

鹅卵石

沙砾

沙砾

防腐木

塑木

木板

炭化木

炭化木

玻璃

玻璃

玻璃

玻璃

碎玻璃

青平板

黄铜板

金属

金属

铁锈板

铁锈板

塑料砖

塑料

塑料砖

塑料